C. Emery

Beiträge zur Kenntnis der nordamerikanischen

Ameisenfauna

C. Emery

Beiträge zur Kenntnis der nordamerikanischen Ameisenfauna

ISBN/EAN: 9783337272234

Printed in Europe, USA, Canada, Australia, Japan

Cover: Foto ©berggeist007 / pixelio.de

More available books at **www.hansebooks.com**

Beiträge zur Kenntniss der nordamerikanischen Ameisenfauna.

Von

Prof. C. Emery in Bologna.

Hierzu Tafel 23.

Die Ameisenfauna Nordamerikas enthält neben Elementen, welche sich an die südamerikanische Fauna anschliessen, viele andere, die ihr einen überwiegend paläarctischen Habitus verleihen. Nicht nur sind mehrere Genera Europa und Amerika gemeinsam, sondern viele Species kommen auf beiden Continenten vor oder sind dies- und jenseits des Oceans durch nahe verwandte Formen vertreten, welche oft nur als Varietäten oder höchstens als Subspecies gelten können.

Dem Begründer der modernen Ameisen-Systematik, GUSTAV MAYR, gebührt das Verdienst, zuerst versucht zu haben, die Ameisenarten Nordamerikas genau zu erkennen und mit den europäischen zu vergleichen; ich werde seine Arbeit [1]) im Laufe dieser Schrift öfter zu erwähnen haben. Eine ausführlichere und auf grösserm Material begründete Bearbeitung des Gegenstandes ist aber in Folge der gegenwärtigen Richtung der Entomologie, welche eine genauere Kenntniss der geographischen Unterarten und Varietäten verlangt, nöthig geworden. Eine solche Untersuchung interessirte mich um so mehr, als ich bei Gelegenheit einer Abhandlung über die Ameisen des siciliani-

---

1) MAYR, Die Formiciden der Vereinigten Staaten von Nordamerika, in: Verh. Zool.-bot. Ges. Wien, 1886, p. 419 — 464.

schen Bernsteins [1]) die Ansicht ausgesprochen hatte, dass ein grosser
Theil der paläarctischen und nearctischen Ameisen einem gemeinsamen
arctischen Gebiete entstammen. Denn es darf angenommen werden,
dass eine genauere Kenntniss der nearctischen Ameisen dazu geeignet
wäre, das Verhältniss der ausgestorbenen arctischen Ameisenfauna zu
ihren lebenden Nachkommen zu beleuchten.

Der Zweck dieser Schrift ist also ein zweifacher: 1) die bis jetzt
bekannten nordamerikanischen Ameisen einer sorgfältigen Revision zu
unterwerfen, die Arten, Unterarten und Varietäten zu bestimmen und
zu beschreiben; 2) die sich aus dieser Analyse ergebenden Resultate
für eine Vergleichung der nearctischen Ameisenfauna mit der paläarctischen und neotropischen und für weitere Folgerungen in Bezug
auf den Ursprung der betreffenden Faunen zu verwerthen.

Der Abschnitt, den ich heute der Oeffentlichkeit übergebe, enthält
den Anfang des speciellen Theils. Gegen Ende des Jahres hoffe ich
den Schluss dieser Abtheilung sowie den allgemeinen Theil druckfertig
liefern zu können. Dass ich mit den Camponotinen beginne, hat nur
den Grund, dass ich die Arten der grossen Gattungen *Formica* und
Camponotus zuerst bearbeitet habe und fertig stellen konnte. In der
natürlichen Folge dürfte diese Subfamilie als die am höchsten differenzirte
ans Ende der Reihe kommen. — Als Unterabtheilung der Art stelle
ich Unterarten (Subspecies) auf, welche den von FOREL und früher
auch von mir als Rassen (Stirpes) bezeichneten Einheiten entsprechen;
das Wort „Rasse" schien mir wegen seiner geläufigen Verwendung
für Culturrassen weniger passend. Der Unterart sind wiederum
Varietäten untergeordnet.

Leider blieb es mir, ebenso wie früher MAYR, meist unmöglich,
die sehr schlechten und unklaren Ameisen-Beschreibungen BUCKLEY's [2])
zu deuten; dies wird nur dann gelingen, wenn wir zu einer viel
genauern und vollständigern Kenntniss der Ameisen von Texas und
von den andern Südstaaten der Union gelangt sein werden.

Das zur gegenwärtigen Arbeit erforderliche Material verdanke ich

1) EMERY, Le formiche dell'ambra siciliana nel Museo mineralogico
dell'Università di Bologna, in: Mem. Accad. Sc. Bologna (5), Tomo 1, 1891,
p. 567—591, 3 tav.

2) BUCKLEY, Descriptions of new species of North American Formi-
cidae, in: Proceed. Entom. Soc. Philadelphia, 1866, p. 152—172; 335
—350.

zum grössten Theil Herrn Th. PERGANDE in Washington, welchem ich hier für seinen grossen Fleiss und seine ausserordentliche Freundlichlichkeit meinen herzlichsten Dank öffentlich ausspreche.

Bologna, im Juni 1893.

I. Specieller Theil.

Subfamilie: **Camponotini.**

Tribus: *Plagiolepidii.*

Brachymyrmex MAYR.

B. heerii FOREL, Subspecies: *depilis n. subsp.*

Die nordamerikanischen Exemplare dieser Art lassen sich von den Typen aus dem Züricher Warmhause durch gänzlichen Mangel der abstehenden Behaarung am Thorax der ♀ unterscheiden. Ich erhielt diese als neue Unterart aufzustellende Form von Herrn PERGANDE aus D. Columbia, Dakota, N. Jersey und Virginia.

Ein ♀ aus Florida ist kleiner, mit dickern Fühlern und auffallend grossen Augen, dürfte einer besondern Art angehören.

Eine genaue Revision der sehr schwer zu unterscheidenden Arten dieser der neotropischen Fauna eigenen Gattung wäre sehr erwünscht.

Tribus: *Camponotii.*

Prenolepis MAYR.

P. imparis SAY.

Formica imparis SAY, in: Boston Journ. Nat. Hist., vol. 1, 1836, p. 287.
Prenolepis nitens MAYR, in: Verh. Zool.-bot. Ver. Wien, 1886, p. 431.
Prenolepis nitens var. *americana* FOREL, in: GRANDIDIER, Hist. Madagascar, p. 94.
Im Uebrigen verweise ich für die Synonymie auf v. DALLA TORRE's Katalog.

Nach FOREL unterscheidet sich das ♂ der nordamerikanischen Form dieser Art von der europäischen durch hellere Färbung. Bei ♂ und ♀ sollen die Flügel auch viel weniger stark gebräunt sein. Mir liegen keine paläarctischen Exemplare zur Vergleichung vor.

Die meisten ♀ aus Nordamerika sind sehr dunkel, dunkler als nach MAYR's Beschreibung (Formicina Austriaca, p. 377) die Krainer

Exemplare der var. *nitens*. Kastanienbraun, ins Röthliche spielend; Mandibeln, Fühler und Beine schmutzig röthlich-gelb; oft ist der Hinterleib dunkel pechbraun, sehr oft der Thorax hell roth-braun.

Beim ♂ ist der Körper pechbraun, die Mandibeln und Genitalien heller braun; die Fühler gelb-braun, die Knie, Tibien und Tarsen hellgelb; die Flügel gleichmässig schwach getrübt, mit gelblichen Adern.

D. Columbia, N. York, Virginia, Indiana, Oregon, Californien.

var. *testacea* n. var.

Diese durch hellere Färbung ausgezeichnete Abart liegt mir aus D. Columbia und Virginia von Herrn PERGANDE vor. Der ganze Körper des ♀ ist röthlich-gelb; Kopf und Hinterleib meist etwas dunkler. — Beim ♂ ist der Thorax dunkel-rothbraun, Beine und Genitalien röthlich, Basalhälfte der Schenkel bräunlich; sonst vom Typus nicht verschieden.

var. *minuta* n. var.

Durch die geringe Körpergrösse ausgezeichnet, aber sonst von *imparis* nicht zu unterscheiden. Form, Sculptur und Behaarung ganz wie bei *imparis*. Auch die Gestalt der männlichen Begattungsorgane lässt keinen Unterschied erkennen. — D. Columbia, April 1888, von Herrn PERGANDE.

♀ $2^1/_3$ mm lang. Dunkel gelb-roth, Hinterleib dunkler, gegen die Spitze schwärzlich, Fühler und Beine heller, röthlich-gelb.

♂ 3 mm lang. Flügel etwas stärker getrübt als beim Typus; die Adern bräunlich-gelb.

P. parvula MAYR (Taf. 22, Fig. 23).

Mir liegen Exemplare von D. Columbia, Maryland, Virginia, Texas und Florida vor; darunter 1 ♂ von D. Columbia und 2 ♂ von Florida. Einige ♀ sind etwas heller gefärbt als die Typen, die ich von Herrn Prof. MAYR erhielt.

Beim ♂ sind die äussern Genitalklappen dünn und dreieckig zugespitzt, aber breiter als bei *imparis*; die mittlern Klappen sind ähnlich gebaut wie bei *P. fulva* (s. Fig. 23 a, b, c).

P. fulva MAYR, subsp. *pubens* FOREL (Taf. 22, Fig. 24).

Prenolepis fulva MAYR, in: Verh. Zool. Bot. Ges. Wien, 1886, p. 431.
Prenolepis fulva, race pubens FOREL, in: Trans. Entom. Soc. London, 1893, p. 338

Einige ♀ und ♂ aus dem warmen Gewächshaus des Department of Agriculture in Washington D. C. von Herrn PERGANDE. — Die ♀

kann ich überhaupt nicht von den hellern brasilianischen Exemplaren aus Rio Janeiro unterscheiden. — Die ♂ haben einen länglichern Kopf (0,8 × 0,65 mm); ihre äussern Genitalklappen sind etwas breiter und mit viel reichlichern und längern, an der Spitze gekrümmten Haaren besetzt (Fig. 24); mittlere und innere Klappen ungefähr wie beim Typus.

P. *guatemalensis* FOREL.

Ein ☿ von Phoenix, Arizona, scheint mir mit einem von Herrn Prof. FOREL eingesandten typischen Exemplar identisch.

Lasius (FABR.) MAYR sensu strict.

Die Arbeiter und Weibchen der nordamerikanischen Arten lassen sich mit Hülfe folgender Tabellen unterscheiden.

Arbeiter.

I. Kiefertaster 6gliedrig. (subg. *Lasius i. sp.*)
* Letzte 3 Glieder der Kiefertaster sehr gestreckt, beinahe gleich lang. *niger* L. und var.
** Letzte 3 Glieder der kürzern Kiefertaster allmählich kürzer; Farbe gelb.
  † Der Fühlerschaft reicht nicht ganz bis zu den Hinterecken des Kopfes (Fig. 22). *brevicornis* EM.
  †† Der Fühlerschaft reicht kaum über die Hinterecken des Kopfes (Fig. 21). *flavus* L.
  ††† Der Fühlerschaft überragt die Hinterecken des Kopfes bedeutend.
    ○ Hinterleib mit feiner, aber deutlicher Pubescenz, Fühlerschaft und Tibien nicht behaart oder mit einzelnen abstehenden Haaren. (*umbratus* NYL.) [1]
    Körper, besonders der Hinterleib lang abstehend behaart; durchschnittlich grösser.
    (subsp. *mixtus* NYL.) var. *aphidicola* WALSH.
    Haare des Körpers kurz; durchschnittliche Grösse geringer. subsp. *minutus* Em.
  ○○ Hinterleib stark glänzend, ohne anliegende Behaarung. Fühlerschaft und Tibien sehr reichlich abstehend behaart. *speculiventris* EM.

---

1) Diese Art kommt in ihrer typischen Form in Nordamerika nicht vor.

II. Taster kurz; Kiefertaster 3 gliedrig. (subg. *Acanthomyops* MAYR).

  * Schuppe niedrig, oben stumpf, abstehende Haare sehr kurz.

                                             latipes WALSH.

 ** Schuppe höher und oben dünner; Abdomen lang behaart.

    Vorletzte Glieder der am Ende stark verdickten Fühlergeissel etwas dicker als lang; Abdomen reichlich behaart.

                                             claviger ROG.

    Vorletzte Glieder der am Ende nur wenig verdickten Geissel nicht dicker als lang; am 2. und den folgenden Hinterleibssegmenten finden sich ausser einer Reihe langer Borsten nur sehr wenige abstehende Haare.   *interjectus* MAYR.

Weibchen.

I. Kiefertaster 6gliedrig.   (subg. *Lasius*.)

  * Kiefertaster länger; ihre 3 letzten Glieder gestreckt, beinahe gleich lang.   *niger* L. und var.

 ** Kiefertaster kürzer; ihre 3 letzten Glieder allmählich kürzer.

    † Kopf deutlich schmäler als der Thorax.

        Das Ende des Fühlerschaftes reicht nicht bis zur Hinterecke des Kopfes.   *brevicornis* EM.

        Das Ende des Fühlerschaftes erreicht die Hinterecke des Kopfes oder überragt dieselbe.   *flavus* L.

  †† Kopf nicht schmäler als der Thorax.   (*umbratus* NYL.)

    Länge 6 mm. (subsp. *mixtus* NYL.) var. *aphidicola* WALSH.

    Länge nur 4 mm.   subsp. *minutus* EM.

II. Kiefertaster 3 gliedrig, sehr kurz.   (subg. *Acanthomyops*.)

  * Hintertarsus kürzer als die stark abgeplattete Tibia.

                                         latipes WALSH.

 ** Hintertarsus länger als die Tibia.

    Tibien deutlich plattgedrückt (weniger als bei *latipes*), Fühlergeissel stark keulenförmig verdickt.   *claviger* ROG.

    Tibien kaum plattgedrückt. Fühlergeissel nicht keulenförmig.

                                   interjectus MAYR.

Das Weibchen von *L. speculiventris* ist nicht bekannt.

L. niger L.

Durch die langen Kiefertaster, deren letzte 3 Glieder beinahe gleich lang und sehr gestreckt sind, lässt sich diese Species in allen drei Geschlechtsformen leicht von ihren Gattungsgenossen unterscheiden, ein Merkmal, das bis jetzt übersehen worden ist.

Die nordamerikanischen Exemplare gehören meist einer Form mit unbewimperten Tibien und Fühlerschaft an, welche dem europäischen *alienus* am nächsten kommt; sie ist aber kleiner und heller gefärbt. Nach den ⚥ zu urtheilen, würde diese Varietät als *alienobrunneus* bezeichnet werden können. Die ♀ entsprechen aber ziemlich genau dem reinen *alienus*, sowohl in der Grösse des Kopfes als in der Färbung der Flügel. Auch in der Kleinheit des ♂ stimmt diese Form mit *alienus* überein. — Wenn diese Unterschiede auch geringfügig sind, so scheint mir diese Form wegen ihrer geographischen Verbreitung doch eine Benennung zu verdienen: var. *americanus n. var.* Sie ist in den östlichen und centralen Staaten sehr verbreitet und reicht südlich bis nach Florida.

Andere Arbeiter sind ebenso hell gefärbt und unterscheiden sich von der eben beschriebenen Form nur durch mehr oder minder zahlreiche Haare auf Schienen und Fühlerschaft: ich bezeichne sie als var. *neoniger n. var.* — Sie scheint ebenso weit verbreitet zu sein; ich erhielt sie auch aus Californien, aber nicht von den südlichsten Staaten.

Nur wenige Arbeiter aus Hill City, S. Dakota, stimmen in Bezug auf dunkle Körperfarbe und Behaarung mit dem typischen *niger* ziemlich überein; sie sind aber kleiner als die gemeine paläarctische Form.

L. brevicornis n. sp. (Taf. 22, Fig. 22).

⚥. L. flavo *proxima, sed antennis brevioribus et paulo crassioribus, quarum scapus angulos occipitis haud attingit atque statura minore distinguenda. Long.* 2—2¹/₈ *mm.*

♀. A L. flavo *similiter statura paulo minore et antennarum breviorum scapo marginem occipitis haud attingente diversa. Long.* 6—7 *mm.*

♂. L. flavo *minor, antennis brevioribus, scapo extrorsum verso marginem oculi vix quarta parte superante. Long.* 2¹/₂ *mm.*

D. Columbia, N. Jersey, Dakota, Virginia, Florida.

Diese Form steht dem *L. flavus* sehr nahe, unterscheidet sich aber in allen drei Geschlechtern davon durch die kurzen Fühler. Das Ende des Schafts reicht bei ⚥ und ♀ nicht bis zu den Hinterecken des Kopfes (Fig. 22). Auch ist die Fühlergeissel etwas dicker, mit kürzern Gliedern. Die Augen des ⚥ sind sehr klein, doch kaum kleiner als bei gleich grossen *L. flavus*; der Kopf des grössern ⚥ ist auffallend breit und mit stark gerundeten Seiten. — Das ♂ ist durch die geringe Grösse und die kurzen Fühler ausgezeichnet. Der Schaft überragt quergestellt seitlich die Augen kaum um $^1/_4$ seiner Länge; bei *flavus* überragt er dieselben mindestens um $^1/_3$.

L. flavus L. (Taf. 22, Fig. 21).

Ausserdem kommt in Nordamerika auch diese Art vor. Die ⚥ gleichen den blassgelben europäischen Exemplaren sehr. Die mir vorliegenden ♀ sind kleiner als die meisten europäischen. Ich war nicht im Stande, durchgreifende Unterschiede zu finden.
D. Columbia, Dakota, Maryland, N. Jersey, Texas.

L. umbratus NYL.

Der Typus dieser Art wurde bis jetzt in Amerika nicht gefunden. Er ist daselbst durch folgende Varietäten vertreten.

Subsp. mixtus NYL., var. aphidicola WALSH.

Formica aphidicola WALSH, in: Proceed. Entom. Soc. Philadelphia, 1862, p. 310.

Vergleicht man die von WALSH gegebene, leider mangelhafte Beschreibung mit den verschiedenen gelben *Lasius*-Formen von Nordamerika, so scheint mir dieselbe am besten auf eine Ameise zu passen, welche dem europäischen *L. mixtus* NYL. sehr nahe steht und von MAYR als solcher bestimmt wurde [1]). Ich kann also Herrn PERGANDE nur beistimmen, indem ich die mir von ihm als *aphidicola* gesandte Form hier unter diesem Namen aufführe.

Vom europäischen *mixtus* ist der ⚥ oft kaum zu unterscheiden. Meist ist die Farbe des Körpers dunkler, d. h. schmutzig-gelb bis gelblich-grau.

Das ♀ ist dunkler braun als die mir vorliegenden Exemplare aus Mitteleuropa; die Flügel an der Basis auffallend dunkel mit dunkelbraunen Adern.

Mir liegen ⚥, ♀ und ♂ von Caldwell, N. Jersey, vor; ausserdem ⚥ von Pennsylvanien, Massachusetts, D. Columbia, N. York, Maine, N.-Jersey und Virginia.

Einige ⚥ von Caldwell, N. Jersey, haben einige aufrechte Haare

---

1) Als besonders maassgebend hebe ich aus jener Beschreibung die Dimensionen der drei Geschlechtsformen hervor, ferner die an der Basis sehr dunklen Flügel: „Wings subhyaline, much clouded with brown on their basal half". Auf *L. flavus* passt diese Beschreibung gewiss nicht.

an Tibien und Schaft; sie ähneln dadurch dem europäischen Typus des *L. umbratus* NYL.

Subsp. *minutus n. subsp.*

Lasius umbratus var. *bicornis* MAY, in: Verh. Zool.-bot. Ges. Wien, 1886, p. 430.

Diese Form hat im Habitus der geflügelten Geschlechter Aehnlichkeit mit *L. bicornis* FÖRST. — ♀ 4 —4$^{1}/_{2}$ mm lang, Kopfbreite meist kaum unter 1 mm. — ♂ 3—3$^{1}/_{2}$ mm, Kopfbreite 0,7. — Der Kopf ist also bedeutend kleiner als bei der europäischen Form und besonders im Verhältniss zum Thorax weniger breit. Beim ♀ ist die Schuppe kaum ausgerandet oder stumpfwinklig eingeschnitten, der Fühlerschaft dünner als bei meinen ♀ Exemplaren von *bicornis* (aus Neapel). — Den meisten ♂ fehlt die Discoidalzelle.

Der ☿ ist dem europäischen *affinis* SCHENK sehr ähnlich und noch reichlicher behaart als bei den mir vorliegenden Exemplaren dieser Form (aus Neapel und Bologna). Er ist auch durchschnittlich kleiner (3—3$^{1}/_{2}$ mm) und oft etwas bräunlich-gelb. Die Schuppe ist am obern Rand schwach eingeschnitten oder bloss etwas eingedrückt. Die mir vorliegenden Exemplare stammen aus N. Jersey und Maine. MAYR führt ausser diesen Formen noch *L. affinis* SCHENK als in Nordamerika vorkommende Varietät des *L. umbratus* auf.

L. speculiventris n. sp.

☿. *Flava, capite subrufescente, copiose pilosa, scapis tibiisque pilis erectis hirsutis, capite, thorace pedibusque pubescentibus, abdomine sine pube adpressa, vix microscopice transversim ruguloso, nitidissimo. Long.* 3$^{1}/_{2}$—4 *mm.*

♂. *Fuscus, pedibus, antennis genitalibusque pallidis, copiose pilosus, scapis breviter copiose, tibiis dispersius pilosis, scapis breviusculis; alae basi fusco-nebulosae. Long.* 3$^{1}/_{2}$—4 *mm; latitudo capitis* 1,2; *scapus* 0,7; *ala ant.* 4,5.

Caldwell, N.-Jersey, von Herrn PERGANDE.

Der Arbeiter ist durch die reichliche aufrechte Behaarung des Fühlerschaftes und der Tibien sowie durch den gänzlichen Mangel der anliegenden Pubescenz am Hinterleib ausgezeichnet; letzterer Körperabschnitt wird durch das Ausbleiben der zur Pubescenz in Beziehung stehenden feinen Punktirung auffallend glänzend; mit Hülfe einer sehr starken Lupe erkennt man auf seiner Oberfläche ausser den borstentragenden Punkten nur eine äusserst feine Strichelung, welche quergestellte lange Maschen bildet. Ob diese Form als besondere Species bestehen kann oder als Subspecies zu *umbratus* gestellt werden muss, ist vor der Hand nicht bestimmt zu sagen.

Beim Männchen ist der Fühlerschaft wie beim europäischen *L. umbratus* ♂ mit kurzen, schiefen Haaren dicht besetzt; er ist verhältnissmässig kurz und überragt, quergestellt, den Rand der Augen um etwa $^2/_5$ seiner Länge (bei *umbratus* überragt der quergestellte Fühlerschaft den Augenrand reichlich um die Hälfte. Die Tibien tragen nur wenige aufrechte Haare. Die allgemeine Behaarung ist reichlicher als bei den mir vorliegenden ♂ des echten *umbratus*.

L. claviger Rog.

Diese Art variirt in Bezug auf Grösse und Behaarung ziemlich beträchtlich: die langen Haare sind am reichlichsten bei den grössern ☿ und ♀, was aber durchaus keine constante Regel bildet und mir zur Aufstellung von Varietäten nicht auszureichen scheint. — Es liegen mir Exemplare von D. Columbia, Dakota, Pennsylvanien, N. Jersey, Maryland, Virginia und Florida vor.

var. *subglaber n. var.*

Einige ☿ ♀ ♂ von D. Columbia sind etwas mehr abweichend. — Der ☿ hat am Hinterleib nur viel kürzere Haare als der typische *claviger*; sonst ist er von kleinern Exemplaren dieser Form nicht zu unterscheiden. — Beim ♀ ist der Hinterleib stark glänzend, nur an der Basis reichlich behaart und trägt am Rande der Segmente je eine Reihe kurzer Borsten, sonst aber nur sehr zerstreute und kurze, anliegende Härchen; die langen Haare an Kopf und Thorax sind kürzer und spärlicher als beim Typus; die Farbe verhältnissmässig hell, mit rothem Kopf und röthlichem Hinterleib. Länge 6—6$^1/_2$ mm. — Auch das ♂ ist kleiner und spärlicher behaart als beim Typus der Art.

L. interjectus Mayr.

Liegt mir vor aus Dakota, D. Columbia, Maryland, Virginia, Colorado.

L. latipes Walsh.

☿ aus D. Columbia, N. Jersey, Virginia entsprechen der Beschreibung André's. ♀ aus Wisconsin.

Formica Linné (Mayr sensu strict.).

Um die Bestimmung der nordamerikanischen *Formica*-Arten und Varietäten zu erleichtern, habe ich für die mir bekannten Arbeiter folgende Tabelle zusammengestellt.

A. Fühlerschaft ohne abstehende Borstenhaare.

* Clypeus in der Mitte seines Vorderrandes mehr oder weniger ausgeschnitten.

† Kopf bedeutend länger als breit; Körperbau gestreckter; braun mit schwärzlichem Hinterleib.   *pergandei* Em.

†† Kopf ungefähr so lang wie breit. Körperbau gedrungener; Farbe heller oder dunkler roth mit braunem oder schwarzem Hinterleib.   (*sanguinea* Latr.) [1]).

  1. Pubescenz auf den Fühlern und Beinen nicht abstehend. Borstenhaare nicht keulenförmig.

    { Farbe dunkel blutroth; Hinterleib schwarz.   subsp. *rubicunda* Em.

    { Farbe hellroth; Hinterleib braun; Clypeus meist nur wenig ausgerandet.   var. *subintegra* Em.

  2. Pubescenz auf Fühlern und Beinen länger, etwas schräg abstehend; Borstenhaare nicht keulenförmig.   subsp. *puberula* Em.

  3. Pubescenz nicht abstehend; Borstenhaare kurz, keulenförmig.   subsp. *obtusopilosa* Em.

** Clypeus nicht ausgerandet.

† Kopf parallelrandig, hinten ausgeschnitten.

  § Roth, Hinterkopf und Abdomen schwarz; Kopf hinten breit ausgeschnitten.   *ulkei* Em.

  §§ Kopf und Thorax ganz roth; Hinterrand des Kopfes zwar deutlich, aber weniger breit ausgeschnitten.

    { Hinterleib ziemlich glänzend.   *exsectoides* For.

    { Hinterleib schärfer gestrichelt, matt.

          exsectoides var. *opaciventris* Em.

†† Kopf hinten nicht ausgeschnitten.

  o Körperbau gedrungen; Kopf meist kaum länger als breit, Schuppe breit und dünn, meist scharfrandig; Geisselglieder 2—3 viel gestreckter als 6—8; Farbe heller oder dunkler

---

1) Die Arten, deren Namen in dieser Tabelle in runden Klammern stehen, sind in ihrer typischen Form noch nicht in Amerika gefunden, sondern nur in den aufgeführten Unterarten oder Varietäten.

roth, mit braunem Hinterleib; meist glanzlos (einige dieser
Merkmale können bei den einzelnen Formen ausbleiben).

[*rufa*-Gruppe.]

v Hinterleib wie bei *exsectoides* oberflächlich gestrichelt
und kaum pubescent; Schuppe stumpfrandig, oben abgestutzt. *dakotensis* EM.

vv Hinterleib matt, ziemlich dicht pubescent. (*rufa* L.)

1. Kopf unten mit aufrechten Borsten, Schuppe breit,
scharfrandig. [subsp. *obscuriventris* MAYR.]

Streckrand der Schienen abstehend behaart; Farbe hellroth, mit braunem Hinterleib; letzterer nur spärlich
pubescent, oben reichlich abstehend behaart.

subsp. *obscuriventris* MAYR.

Abstehende Behaarung an den Schienen beinahe
fehlend, am Hinterleib spärlicher und kürzer, Pubescenz reichlicher. var. *integroides* EM.

Behaarung wie *obscuriventris*; Farbe dunkel rostroth,
Kopf etwas heller, Schuppe braun, Hinterleib schwarz.

var. *rubiginosa* EM.

Behaarung ebenso; noch dunkler gefärbt, dunkel
rostbraun mit mehr blutrothem Kopf.

var. *melanotica* Em.

Behaarung und Pubescenz fast wie bei *integroides*.
Hellroth, Thorax besonders bei den kleinen ☿ dunkler
und braungefleckt, Beine braunroth, Hinterleib braun.

var. *obscuripes* FOREL.

2. Kopf unten ohne abstehende Borsten; die abstehende
Behaarung fehlt in der Regel an Kopf und Thorax
ganz und gar; am Hinterleib ist sie sehr kurz und
spärlich; anliegende Pubescenz dicht. Körperbau
kräftig; Kopf ungefähr so breit wie lang; Schuppe
breit, scharfrandig, Farbe hellroth mit braunem Hinterleib [subsp. *integra* NYL.].

Hinterleib ohne rothen Basalfleck.

subsp. *integra* NYL.

Hinterleib an Basis und Spitze mehr oder weniger
roth. var. *haemorrhoidalis* EM.

3. Kopf unten mit abstehenden Borsten; Streckrand der
Tibien nicht abstehend behaart, Schuppe schmal und

dick. Farbe gelblich-roth; Hinterleib braun, an der Basis roth. Kopf deutlich länger als breit; Körperbau zierlicher als bei den vorigen.   subsp. *difficilis* Em.

∞ Körperbau schlanker; Kopf deutlich länger als breit, Schuppe meist schmal, mehr oder weniger dick und nicht scharfrandig; Geisselglieder 2—3 nur wenig gestreckter als 6—8. Farbe nur selten so wie bei *rufa*; meist ist der Kopf wenigstens hinten schwarz oder schwärzlich, oder der Körper ist mehr oder minder glänzend [*fusca*-Gruppe].

§ Mittlere Glieder der Fühler mehr als $1^1/_2$ mal so lang wie dick; Schaft gestreckt und sehr wenig gekrümmt; Schuppe vorn und hinten convex, oben stumpfrandig. Anliegende Behaarung am Hinterleib spärlich; Körper mehr oder weniger glänzend [*pallide-fulva* Latr.].

a) Unterseite des Kopfes und Schuppenrand ohne Borsten; Pubescenz spärlich.

1. Farbe hellgelb, Mandibeln röthlich, Hinterleib schmutzig; abstehende Behaarung spärlich, auf dem Thorax fehlend. Maxillartaster auffallend lang.
    pallide-fulva Latr., typus.

2. Farbe gelb-roth, Kopf meist dunkler, Hinterleib dunkel, etwas erzschimmernd. Maxillartaster kürzer.
    subsp. *nitidiventris* Em.

3. Farbe braun, Hinterleib kaum glänzend, Fühler etwas dicker.   subsp. *fuscata* Em.

b) Unterseite des Kopfes mit langen Borstenhaaren, Schuppenrand bewimpert. Farbe wie bei *nitidiventris* oder heller.

    subsp. *schaufussii* Mayr mit var. *incerta* Em.

§§ Mittlere Glieder der Fühlergeissel meist weniger als $1^1/_2$ mal so lang wie dick[1]); Schaft an der Basis stark gekrümmt. Schuppe hinten abgeflacht. Anliegende Behaarung und Glanz sehr verschieden (*fusca* L.).

1) Unterseite des Kopfes ohne Borstenhaare.
    (subsp. *fusca*.)

---

1) Bei *subsericea* Say sind die Fühler schlanker als bei den andern Formen; die Schuppe ist aber bei dieser Var. auffallend breit und ziemlich scharfrandig, wodurch sie leicht von der subsp. *fuscata* der *F. pallide-fulva* zu unterscheiden ist.

Schwarz, Hinterleib fein pubescent, mit grauem Seiden-
schimmer.   var. *subsericea* SAY.
Schwarz, Hinterleib kaum pubescent, fein gestrichelt
und schwach erzglänzend.   var. *subaenescens* EM.
Thorax und Beine roth, Kopf und Hinterleib schwarz,
letzterer spärlich pubescent, ziemlich glänzend.
                                       var. *neorufibarbis* EM.
Hellroth, Hinterleib und hinterer Theil des Kopfes mehr
oder weniger schwärzlich, Hinterleib dichter pubescent
und grau-seidenschimmernd.   var. *neoclara* Em.

2. Kopf unten mit langen Borsten; Körper mehr oder
weniger glänzend, reichlich behaart.
                                    [subsp. *subpolita* MAYR].
Hinterleib fein gestrichelt, glänzend, sehr spärlich pubescent; Farbe hellbraun mit dunklerm Kopf und pech-
braunem Hinterleib.   subsp. *subpolita* MAYR.
Sculptur ebenso, Farbe pechschwarz, mit röthlichen Glied-
massen.   var *neogagates* EM.
Hinterleib punktirt, reichlich pubescent, Körper kaum
glänzend.   var. *montana* EM.

B. Fühlerschaft mit abstehenden Borstenhaaren.

Augen behaart. Hinterleib mit dichter Pubescenz, seidenschimmernd.
                                       pilicornis EM.
Augen nicht behaart. Hinterleib glänzend, nur sehr spärlich pubescent.   *lasioides* EM.

F. pergandei n. sp. (Taf. 22, Fig. 1).

☿. *Ferrugineo-testacea, abdomine nigro, capite thoraceque sub-
opacis, abdomine nitido, parce pubescens et longe pilosa, tibiis et capitis
pagina ventrali sine pilis erectis; capite modice elongato, antrorsum
angustiore, mandibulis 8-dentatis, striatis et disperse punctatis, palpis
breviusculis, clypeo subtilissime longitrorsum ruguloso, antice medio
impresso et emarginato, thorace inter mesonotum et metanotum impresso, squama antice magis, postice minus convexa, margine obtuso,
glabro. Long. $5^1/_2$—$6^1/_2$ mm.*

Washington (D. C.), in einem Neste mit *F. pallide-fulva* LATR.
(typische Form), also als gemischte Colonie mit dieser Art; welcher
Natur das Verhältniss der beiden zusammenlebenden Arten ist,
wurde nicht ermittelt. Vielleicht ist die neue Art eine echte Raub-

· ameise und die andere ihr Sklave. — Herr PERGANDE schreibt mir, dass er jenes Nest seit Jahren kennt, aber darauf früher immer nur *F. pallide-fulva* bemerkt habe; erst im Sommer 1892 erschien darin die neue Form [während des Druckes dieser Schrift sandte mir Herr PERGANDE eine Var. derselben Art aus Colorado]. Diese Ameise hat im Habitus eine gewisse Aehnlichkeit mit den dunklen Unterarten von *F. pallide-fulva*, ist aber etwas kräftiger gebaut und unterscheidet sich leicht davon durch den deutlich ausgerandeten Clypeus, die kürzern Taster und die weniger gestreckten Fühlerglieder. Dadurch nähert sie sich der *F. sanguinea*, von welcher sie durch den schmälern Kopf, dessen Seiten weniger gekrümmt sind, die schlankere Körperform, die schwächere Sculptur, den glänzenden Hinterleib und die verschiedene Färbung bedeutend abweicht, so dass sie leicht zu erkennen ist.

F. sanguinea LATR.

Diese Art ist in Nordamerika viel variabler als in Europa. Es können folgende Formen unterschieden werden, welche vom europäischen Typus mehr oder weniger abweichen.

subsp. *rubicunda n. subsp.* (Taf. 22, Fig. 2).

Die Form, welche ich als Typus der Subspecies betrachte, steht der europäischen *sanguinea* nahe. Mir liegen ein ☿ aus Labrador und mehrere ☿ und ♀ aus Pennsylvanien vor.

Der ☿ unterscheidet sich von *sanguinea* durch das etwas glänzendere Abdomen, dessen anliegende Pubescenz auch etwas weniger dicht ist; abstehende Behaarung fast wie bei der paläarctischen Form, die Haare meist etwas mehr goldglänzend, gegen die Spitze des Hinterleibes länger und reichlicher. Der Ausschnitt am Clypeus weniger scharf und seichter, wie MAYR richtig bemerkt. Die Farbe des Kopfes, des Thorax und der Beine dunkel blut- oder rostroth, der Kopf ohne braune Wolke, kaum dunkler als der Thorax. Die Mandibeln weniger gleichmässig gestreift und daher etwas glänzender. — Die Schuppe ist bei den pennsylvanischen Exemplaren sehr breit und stark ausgeschnitten; bei dem aus Labrador oben stumpfwinklig, ohne Einschnitt.

Das ♀ aus Pennsylvanien verhält sich, was Farbe, Sculptur, Behaarung und Form des Clypeus betrifft, genau wie die dazu gehörigen ☿. Die Flügel sind stark schwärzlich getrübt, an der Basis sehr dunkel.

Drei ♀ aus Michigan haben dieselbe Färbung, aber ihre Flügel sind nicht dunkler als bei der europäischen Form.

var. *subintegra n. var.* (Taf. 22, Fig. 3).

Als Typus dieser Varietät der subsp. *rubicunda* betrachte ich eine Form aus dem District-Columbia, auffallend durch ihre helle Färbung, welche an eine sehr helle *integra* erinnert; das Abdomen ist nicht schwarz, sondern röthlich-braun. Der Kopf ist kürzer, an den Seiten mehr gerundet, sonst ungefähr wie bei *rubicunda.* Die Schuppe ist nur schwach ausgerandet, Clypeus stark vorspringend, sehr schwach ausgerandet. Als Sklave *F. fusca var. subsericea.* — Hierzu auch ein ☿ aus N. Jersey von Prof. FOREL.

☿ Exemplare von Beatty (Penns.) bilden einen Uebergang zu *rubicunda*, sowohl in der Farbe als in Bezug auf Kopf- und Schuppenbildung. Dazu ein ♀, welches von *rubicunda* kaum zu unterscheiden ist.

Andere Arbeiter von Connecticut, Utah und Colorado sind auffallend klein ($4^1/_2$—$5^1/_2$ mm) und schlanker als die Form aus D. C., scheinen mir aber nicht als besondere Varietät aufgestellt werden zu müssen.

subsp. *puberula n. subsp.*

Diese Varietät begründe ich auf einem kleinen ☿ ($5^1/_2$ mm) von Hill City (S. Dakota). — Farbe wie *subintegra*; Mandibeln sehr fein gestreift, kaum punktirt; Clypeus nicht tief, aber breit ausgerandet; Fühlerschaft am Ende bedeutend verdickt; Schuppe breit, oben kaum ausgeschnitten; Abdomen mit grauer, ziemlich dichter Pubescenz, letztere auf den Gliedern einschliesslich Tibien und Fühlerschaft länger als gewöhnlich, deutlich abstehend; abstehende Behaarung etwas länger und reichlicher als bei der vorigen Subspecies.

Einige kleine ☿ (5—$5^1/_2$ mm) von Colorado stimmen mit var. *puberula* überein, was Sculptur der Mandibeln und Form des Fühlerschafts betrifft. Clypeus tiefer, ebenso breit ausgerandet; Pubescenz am Abdomen wie bei *subintegra,* an den Tibien länger, etwas abstehend; aufrechte Borstenhaare noch reichlicher als bei *puberula,* Schuppenrand behaart. — Sie bilden in mancher Beziehung einen Uebergang von *puberula* zu *subintegra.*

subsp. *obtusopilosa n. sp.*

Von dieser Form besitze ich nur einen Arbeiter aus N. Mexico von Herrn PERGANDE. Mandibeln fein gestreift, schwach punktirt; Clypeus ziemlich tief und breit ausgerandet; Schuppe schmal und dick, mit stumpfem Oberrand, der Schuppe von *F. pallide-fulva* ähnlich. Hinterleib matt mit schwachem Erzschimmer, seine Pubescenz nicht dicht, aber lang, weisslich. Abstehende Borstenhaare weissgelb, alle ziemlich gleich lang, gegen die Spitze verdickt, daselbst abgestutzt, zahlreicher als bei den andern Unterarten. Die Haare des Thorax haben die gleiche Form; einige solche Haare am Schuppenrand.

F. rufa L.

Die *rufa*-artigen Unterarten und Varietäten der Gattung *Formica* bilden in Nordamerika ein sehr schwer zu entwirrendes Gemenge. Eine Entscheidung, ob gewisse Formen bloss so zu sagen „Nestvarietäten" oder beständigere Abänderungen der Art sind, wird wohl nur auf Grund eines noch reichlichern Materials, als mir jetzt zu Gebote steht, möglich sein; namentlich wäre die Untersuchung der meist unbekannten Weibchen erwünscht.

Die echte *F. rufa* kommt in ihrer typischen Form in Amerika nicht vor; ebensowenig die Unterarten *pratensis* und *truncicola*. Die meisten amerikanischen Varietäten sind dieser letztern durch die hellrothe Farbe des Kopfes ähnlich; sie sind aber sämmtlich weniger behaart. Nach den Arbeitern lassen sich folgende Subspecies und Varietäten unterscheiden:

subsp. *obscuriventris* MAYR (Taf. 22, Fig. 15).

F. truncicola var. *obscuriventris* MAYR, in: Verh. Zool.-bot. Ver. Wien, Bd. 20, 1870, p. 951.

Hellroth; Mandibeln, Fühlerschaft und Schenkel etwas dunkler, Fühlerspitze braun, Hinterleib schwarz; anliegende Behaarung kurz, wenig dicht; abstehende Haare ziemlich reichlich, mehr als bei *pratensis*, weniger als bei *truncicola*; Unterseite des Kopfes mit abstehenden Borsten. Exemplare von N. Jersey stehen den MAYR'schen Typen am nächsten; solche von Colorado neigen durch die dunklere Färbung der Schuppe und der Beine zu var. *obscuripes*.

var. *integroides* n. sp.

Andere Exemplare von Californien und Nebraska zeigen in Folge der matten Oberfläche und der dichten anliegenden Pubescenz eine gewisse Habitusähnlichkeit mit *integra*. Die abstehende Behaarung ist viel spärlicher, an der Streckseite der Schienen manchmal fehlend. Sie scheinen einer Uebergangsreihe zu *integra* anzugehören.

var. *rubiginosa* n. var.

Anliegende und abstehende Behaarung wie bei *obscuriventris*-Stammform. Kopf, Thorax und Beine dunkel rostroth, Thorax manchmal braun-wolkig; Schuppe meist braun. Ich erhielt diese Form von Nebraska, Colorado und Dakota. Ein ♀ aus Louisiana scheint hierher zu gehören und stimmt in der Färbung mit den eben beschriebenen ☿ überein, ist aber sehr schmutzig. Die Sculptur des Hinterleibes ist oberflächlich und fein, die Pubescenz spärlich, daher dieser Körpertheil ziemlich glänzend.

var. *melanotica* n. var.

Einige ☿ aus Wisconsin sind noch dunkler rostbraun mit mehr blutrothem Kopf.

var. *obscuripes* FOREL (Taf. 22, Fig. 10).

Formica rufa st. *obscuripes* FOREL, in: Ann. Soc. Entom. Belge, T. 30, 1886, C. R. p. XXXIX.

Von dieser auffallenden Farbenvarietät liegen mir nur einige von FOREL erhaltene typische Exemplare von Green River, Wyoming, vor. Die anliegende Pubescenz ist dichter als bei *obscuriventris*, fast wie bei *integroides* und *integra*.

Sehr nahe verwandt scheint mir eine Form, die mir Herr PERGANDE aus Utah in allen drei Geschlechtern gesandt hat. — Der ☿ ist etwas heller gefärbt als *obscuripes*, die Schuppe beim grossen ☿ roth; die abstehende Behaarung viel spärlicher, am Steckrand der Tibien und Unterseite des Kopfes fast fehlend.

Das mir vorliegende ♀ sieht wie etwas unausgefärbt aus; schmutzig gelb, mit brauner Endhälfte der Fühlergeissel, bräunlichen Flügelgelenken und Scutellum; Hinterleib pechbraun. Das ganze Thier ist ziemlich glänzend (Glanz wie bei *schaufussi*); der Hinterleib stark glänzend, sehr fein und wenig dicht pubescent.

Das ♂ ist ganz schwarz; Kniegelenke etwas röthlich; nur die Genitalien röthlich-gelb. Kopf (Fig. 10) kurz, hinter den Augen am breitesten, hinten gestutzt; Mandibeln auffallend dünn mit langer Endspitze.

Wenn man nur den ☿ betrachtet, könnte man in diesen Utah-Exemplaren einen Uebergang zu *integra* erblicken, was aber durch die Sculptur des ♀ ausgeschlossen ist.

Ein *Formica*-☿ aus Colorado (von Herrn PERGANDE) ist durch die sehr kurzen, keulenförmigen Borstenhaare, welche Thorax, Schuppe und Hinterleib besetzen, ausgezeichnet. Unterseite des Kopfes mit sehr wenigen Haaren; Tibien an der Streckseite ohne solche. Farbe wie bei *obscuriventris*. — Ob das einzige mir vorliegende Exemplar eine besondere Subspecies bilden muss oder nur eine individuelle Varietät darstellt, vermag ich nicht zu entscheiden.

subsp. *difficilis n. subsp.* (Taf. 22, Fig. 9, 14).

Diese kleine Form scheint ziemlich beständig zu sein und verdient als besondere Unterart betrachtet zu werden. Ich erhielt sie von Herrn PERGANDE aus Virginia und N. Jersey in allen drei Geschlechtern.

Die Arbeiter sind noch heller gefärbt als bei *obscuriventris*, besonders die Exemplare aus Virginia, deren rothe Theile einen gelbrothen Ton (fast pomeranzenfarben) haben; die Fühlergeissel ganz roth, auch die Basis des Abdomens in grösserm oder geringerm Umfang roth; der Hinterleib im Uebrigen nicht schwarz, sondern braun. Pubescenz dichter und länger als bei *obscuriventris*; abstehende Haare am Streckrand der Tibien sehr spärlich, an der Unterseite des Kopfes deutlich vorhanden. Körpergrösse gering (4—5$^1/_2$ mm); die Schuppe ist schmal und dick, erinnert dadurch an *fusca*. Die Palpen sind kürzer als bei *obscuriventris*, das 3. Glied der Maxillartaster im Verhältniss zu den folgenden weniger lang (vergl. Fig. 14 und 15).

Das ♀ ist auffallend klein (5$^1/_2$—6 mm) und hell gefärbt. Auf die Körpergrösse würde ich kein besonderes Gewicht legen, wenn nicht die Exemplare von beiden Fundorten darin übereinstimmten; Farbe ganz hellröthlich-gelb; Hinterleib kaum dunkler. Sculptur schwach, daher die glänzende Oberfläche, welche am Hinterleib durch die ziemlich dichte anliegende Pubescenz getrübt ist. Abstehende Behaarung viel länger und reichlicher als beim ☿.

♂: 5$^1/_2$—6 mm lang. Schwarz; Fühlergeissel meist braun, Mandibeln, Beine und Genitalien hellgelb, Schenkel oft dunkler, Hüften braun. Kopf sehr kurz (Fig. 9), an den Augen am breitesten, hinter denselben gerundet. Mandibeln kräftig gezähnt. Flügel leicht grau getrübt, mit dunklen Adern.

Vielleicht gehört das von MAYR [1]) als *F. pallide-fulva* beschriebene ♀ zu dieser Unterart. Jedenfalls stimmt es mit der von LATREILLE unter diesem Namen beschriebenen Art nicht überein.

---

1) in: Verhandl. Zool.-bot. Ges. Wien, Bd. 16, 1866, p. 889.

subsp. *integra* NYL. (nec MAYR) (Taf. 22, Fig. 4, 8).

Formica integra var. *similis* MAYR, in: Verh. Zool.-bot. Ges. Wien,
	Bd. 36, 1886, p. 425.

Auf Grund eines falschen Typus hat MAYR die *F. exsectoides*
FOREL's für *integra* NYL. gehalten und die echte *integra* als neue
Varietät beschrieben. NYLANDER's Beschreibung passt aber auf MAYR's
„*integra*" nicht, dagegen sehr gut auf seine var. *similis.* Herr Prof.
FOREL schreibt mir, dass er im Pariser Museum die echten Typen
gesehen hat und dass sie der *similis* MAYR entsprechen.

Die drei Geschlechter sind von MAYR beschrieben. Beim ☿ der
reinen Form fehlt die abstehende Behaarung an Kopf und Thorax
ganz und gar; an der Dorsalfläche des Abdomens sind nur ganz kurze
Borsten vorhanden; längere und zahlreichere Haare finden sich an der
Bauchfläche und am Hinterende. Unterseite des Kopfes ganz ohne
Haare. — Manchmal sind die Borsten am Hinterleibe in etwas grösserer
Zahl vorhanden und erscheinen auch auf der Stirn. Durch solche
Exemplare und durch die oben beschriebene var. *integroides* wird ein
Uebergang zu *obscuriventris* angedeutet. Ob ein solcher wirklich be-
steht, muss die Zukunft lehren. — Ich glaube indessen, dass *F. in-
tegra* als besondere Species nicht haltbar ist und als Unterart zu *rufa*
gezogen werden muss.

Die Form des Kopfes von ☿ und ♂ geben die Figuren 4 und 8.

var. *haemorrhoidalis n. var.*

Einige ☿ aus Dakota und Colorado sind heller gefärbt mit rother
Basis und Spitze des Abdomens; sonst ganz wie *integra* typus.

F. dakotensis n. sp. (Taf. 22, Fig. 5).

☿. *Rufa, superne haud pilosa, abdomine nigricante, nitidulo,
capite lateribus convexo, angulis posticis valde rotundatis, ·clypeo in-
tegro parum proeminente, obtuse carinato, squama superne truncata,
margine supero obtuso.* — *Long.* 5—5³|₃ *mm.*

Hill City, S. Dakota, von Herrn PERGANDE.

Durch die Form des Kopfes (Fig. 5), der nach vorn nur sehr
wenig verengt ist, dessen Seiten stärker gewölbt und dessen Hinterecken mehr gerundet sind als gewöhnlich, erinnert diese Form an
sanguinea. Der Kopf ist aber verhältnissmässig kürzer und breiter,
hinten nicht ausgerandet. Der Clypeus ist schwach gekielt, vorn ohne
Einschnitt, aber weniger vorspringend als bei *rufa* und *exsectoides,*
sein Vorderrand sanft gerundet. Thoraxform wie *exsectoides* und

rufa. Schuppe oben gerade abgestutzt, mit stumpfem Rande. Sculptur und Glanz des Hinterleibes wie bei *exsectoides,* anliegende Pubescenz aber reichlicher, abstehende Behaarung wie bei *exsectoides*; Farbe wie bei dunklen Exemplaren dieser Art. Die Taster sind auffallend kurz, kürzer als bei allen mir bekannten Formen der *rufa-* und *sanguinea-*Gruppe.

F. exsectoides FOREL (Taf. 22, Fig. 6).

Formica integra MAYR, in: Verh. Zool.-bot. Ges. Wien, Bd. 12, 1862, p. 701; Bd. 36, 1886, p. 425 (nec NYL.).

Diese Form liegt mir aus N. Jersey, N. York und N. Hampshire vor. — Durch die Form des Kopfes (Fig. 6), welcher hinten breit und flach, aber deutlich ausgerandet ist, lässt sie sich von den Unterarten von *F. rufa* gut unterscheiden. Ich kenne keine Uebergänge. Auch am Kopf des ♂ ist dieser Unterschied angedeutet, indem die Hinterecken etwas weniger gerundet sind als bei *integra* und der Hinterrand schwach und gleichmässig concav erscheint.

Alle drei Geschlechter sind von MAYR ausführlich beschrieben.

var. opaciventris n. var.

Als solche erwähne ich einige ☿ von Breckenridge (Colorado), welche durch die dichte und starke Strichelung des Abdomens ausgezeichnet sind; daher erscheint dieser Körperabschnitt durchaus matt; die Pubescenz ist auch etwas reichlicher als bei *exsectoides*; abstehende Behaarung kurz und ziemlich reichlich; Unterseite des Kopfes ohne Haare. Rand der Schuppe ebenso scharf wie beim Typus der Art. Farbe wie bei den dunklern Exemplaren derselben.

F. ulkei n. sp. (Taf. 22, Fig. 7).

☿. *Rufa, capite postice nigricante, pronoto fusco-maculato, pedibus magis minusve fuscis, abdomine nigro; fronte, vertice et occipite nitidis, abdomine subtilissime transverse striatulo, subnitido; vix pubescens, parce pilosa, capite subtus tibiarumque margine dorsali sine pilis abstantibus; capite postice late emarginato, lateribus parallelis, clypeo carinato, obtuse angulatim producto, squama superne rotundata, margine cultrato. — Long. 5½—6 mm; caput 1,9×1,8 mm.*

Hill City, S. Dakota, von Herrn PERGANDE. Diese schöne Art wurde mit vielen andern Ameisen von Herrn Ingenieur TITUS ULKE gesammelt und ihm zu Ehren benannt.

Durch die Form des Kopfes (Fig. 7) und die Färbung sehr aus-

gezeichnet. — Der Kopf erinnert durch seine fast parallelen Seiten-
ränder und seinen stark und breit ausgebuchteten Hinterrand mit vor-
springenden Hinterecken an gewisse *Camponotus*. Der Clypeus ist
stumpfwinklig vorspringend und fein gestrichelt. Die Mandibeln sind
breit, mit 8 zähnigem Kaurand, gestreift, mässig glänzend, an der
Basis oben glatt und stark glänzend. Scheitel, Hinterkopf, Stirn,
Stirnfeld und Unterseite ziemlich stark glänzend; Wangen weniger
glänzend, äusserst fein lederartig (mikroskopisch genetzt). Die Palpen
sind lang. Der Thorax ist kräftig, zwischen Meso- und Metanotum
stark eingeschnürt; die Grenze zwischen basaler und abschüssiger
Fläche des Metanotums auf der Profilansicht stark gerundet. Die
Schuppe ist dünn und oben abgerundet, mit scharfem Rand. Der
Hinterleib ist fein quergestrichelt, etwas weniger glänzend als bei
exsectoides. Pubescenz sehr kurz, fein und spärlich. Abstehende Behaarung auf dem Thoraxrücken ziemlich reichlich, aus kurzen und
stumpfen Haaren bestehend, auf dem Abdomen spärlich, an dessen
Spitze und Unterseite reichlich und lang. Unterseite des Kopfes,
Schuppe und Streckrand der Beine ohne Borsten. Farbe hell rostroth,
Beine dunkler, Tibien braun; hintere Hälfte des Kopfes und Abdomen
schwarz; Pronotum mit einem schwärzlichen Fleck, Pleuren etwas
wolkig gebräunt.

F. pallide-fulva LATR. (nec MAYR).

Diese Art ist ausschliesslich amerikanisch; sie bietet aber eine
Anzahl verschiedener Formen, welche besonders erörtert werden müssen.
Was MAYR als ♀ unter diesem Namen beschrieben hat, gehört gewiss
nicht dazu, da die Grösse (6½ mm) dieselbe ist, welche LATREILLE
für den Arbeiter angiebt. Wie ich oben gesagt, möchte ich das
MAYR'sche ♀ auf *rufa* subsp. *difficilis* beziehen.
Ich unterscheide folgende Subspecies:

subsp. schaufussi MAYR (Taf. 22, Fig. 17, 18).

Unter diesem Namen verstehe ich die von MAYR zuerst beschriebene
grössere Form, wovon mir ein vor vielen Jahren von ihm erhaltenes
Stück vorliegt, welches überdies mit der Originalbeschreibung am ge-
nauesten stimmt. Später hat derselbe Autor diese Form mit andern,
die weiter unterschieden werden sollen, zusammengebracht.
Die Körpergrösse ist im Verhältniss zu den andern Unterarten
bedeutend; Grundfarbe hellroth, Kopf etwas bräunlich, Hinterleib
dunkel gelb-braun, vorn und manchmal auch an den Rändern der

Segmente mehr röthlich.   Anliegende Pubescenz besonders am Hinterleib (s. Fig. 18) länger und reichlicher, wodurch der von der Strichelung erzeugte, etwas metallische Schimmer dieses Körperabschnittes etwas gedämpft wird.   Abstehende Behaarung reichlicher und länger als bei den folgenden Subspecies; Unterseite des Kopfes mit langen Haaren; Rand der Schuppe bewimpert.

Mir liegen nur Arbeiter aus Connecticut und N. Jersey, welche mit dem typischen Exemplar Mayr's übereinstimmen, vor; ♀ und ♂ unbekannt.

Ich vermuthe, dass das von Mayr als *F. ciliata* beschriebene ♀ zu dieser oder einer sehr nahe verwandten Form gehört.   Diese Anschauung wird durch die Beobachtung unterstützt, dass die Weibchen der andern mit *F. schaufussi* verwandten Unterarten längere Haare tragen als die betreffenden Arbeiter. — *F. ciliata* Mayr ist, nach einem von Herrn Pergande erhaltenen typischen ♀ aus Colorado zu urtheilen, vor den andern Formen der *F. pallide-fulva* durch den hinten breit abgestutzten oder schwach und weit bogig ausgerandeten Kopf ausgezeichnet (Fig. 12).   Unterseite des Kopfes mit langen Borsten. — Ein ♀ aus N. York (von Herrn Schmelter) stimmt in der Kopfform, sowie in der langen Behaarung des Clypeus und des Hinterleibes ziemlich überein; die Unterseite des Kopfes und der Schuppenrand haben aber keine abstehenden Haare; die anliegende Pubescenz des Abdomens ist viel spärlicher und kürzer als bei *ciliata*; die Strichelung undeutlich, daher das Tegument viel glänzender. Flügel gelblich mit hellbraunen Adern.

var. *incerta* n. var.

Mit subsp. *schaufussi* vereinige ich vorläufig diese Varietät. Die dazu gehörigen Arbeiter aus verschiedenen Nestern bilden einigermaassen Glieder einer Uebergangsreihe zwischen *schaufussi* und *nitidiventris*.

Diese Form erhielt ich aus D. Columbia und Virginia; die anliegende und abstehende Behaarung etwas spärlicher als bei *schaufussi*, unter dem Kopf und am Schuppenrand hie und da ein Haar.   Die Farbe des Kopfes und Hinterleibes heller; letzterer meist nicht dunkler als der Kopf, nur mehr schmutzig-gelb, der Kopf mehr röthlich. — Farbe des ♀ etwas dunkler als die des ♀; Hinterleib stärker glänzend und mit längern Haaren. Form des Kopfes wie bei *nitidiventris* ♀. — Die ♂ sind schwarz, mit hellen Mandibeln, Beinen und Genitalien. Grösse sehr schwankend, besonders die der ♀, was bei *Formica*-Arten bekanntlich öfters der

Fall ist. Flügel entweder wasserhell mit hellbraunem Randmal und blassen Adern, oder grau getrübt mit dunkeln Adern und Randmal. Exemplare aus N. Jersey sind auffallend klein: ☿ 5—6¹/₂ mm. ♀ und ♂ 8 mm.

subsp. *nitidiventris n. subsp.* (Taf. 22, Fig. 13, 19).

Als Typus dieser Form betrachte ich solche ☿, welche ungefähr die Färbung der subsp. *schaufussi* haben; der Hinterleib ist gewöhnlich etwas dunkler, viel weniger scharf gestrichelt, daher weniger seidenschimmernd und mehr glänzend; die anliegende Pubescenz ist viel kürzer und spärlicher (Fig. 19); Unterseite des Kopfes und Schuppenrand ohne Borstenhaare.

Die mir vorliegenden ♀ sind gross und haben einen verhältnissmässig breiten Thorax; ihr Kopf ist hinten sehr breit gerundet, kaum abgestutzt (Fig. 13).

Das einzige mir vorliegende, schlecht erhaltene ♂ (aus Beatty, Penns.) ist durch seine dunkle Färbung ausgezeichnet. Mandibeln, Fühler, Beine und Genitalien sind braun, die Schenkel dunkler. Die Flügel schwärzlich angeflogen, mit dunklen Adern und Randmal.

Ich erhielt diese, wie es scheint, in den Oststaaten gemeine Form aus D. Columbia, Pennsylvanien, N. York, N. Jersey, Virginia. Die von MAYR (in: Verh. Zool.-bot. Ges. Wien, 1886, p. 427) als ♀ und ♂ der *F. schaufussi* beschriebenen Exemplare entsprechen am besten dieser Subspecies.

subsp. *fuscata n. subsp.*

Eine sehr dunkle Form sandte mir Herr PERGANDE in 2 ☿ aus Beatty (Pennsylvanien). Behaarung und Pubescenz ungefähr wie bei den kahlsten Exemplaren von *nitidiventris*, sogar noch etwas kürzer und spärlicher; Sculptur etwas schärfer, daher das Tegument weniger glänzend. Braun-schwarz, Mandibeln, Fühler, Schenkelringe, Knie, Tibien und Tarsen roth; Suturen des Thorax röthlich.

Etwas hellere und glänzendere Stücke aus Hill City (S. Dakota), darunter ein ♀, bilden den Uebergang zu *nitidiventris*.

subsp. *pallide-fulva* LATR. sensu stricto (Taf. 22, Fig. 16).

Obschon LATREILLE's Beschreibung ziemlich gut auf sehr helle Exemplare der *F. schaufussi* passt, glaube ich doch eher, dass ich sie auf eine andere Form beziehen muss, von der Herr PERGANDE mehrere Nester in der Umgebung von Washington D. C. entdeckt hat.

Die ⚲ sind durchaus hellgelb gefärbt, meist mit röthlichen Mandibeln und schmutzig-gelbem Hinterleib; auch kann der ganze Kopf etwas röthlich sein. Die anliegende Pubescenz ist sehr kurz und spärlich; die abstehenden Haare fehlen an Thorax und Schuppe sowie an der Unterseite des Kopfes ganz und gar; am Hinterleib und an der Oberseite des Kopfes nicht lang. Die Augen sind etwas länglicher oval als bei den andern Subspecies. Die Palpen sind bedeutend länger als bei *schaufussi* und *nitidiventris*. (vergl. Fig. 16 und 17).

Das ♀ ist ziemlich kräftig gebaut; Länge 8 mm, Thoraxbreite 2 mm. Honiggelb; Kopf und Mesonotum etwas dunkler; Kopfform wie bei *nitidiventris* ♀; Flügel wasserhell, mit hellbraunen Adern und Randmal.

Die ♂ sind ausgezeichnet durch ihre helle Farbe. Der ganze Körper ist gelb, der Kopf uud das Abdomen hinten etwas dunkler; Scheitel und Fühlerspitzen braun; nur die Augen schwarz. Der Kopf ist bedeutend kleiner als bei den andern Subspecies; auch die Augen sind etwas kleiner.

F. fusca L.

Meiner Ansicht nach haben zuerst Forel und nach ihm Mayr viel zu leicht das Vorhandensein von Uebergängen zwischen den verschiedenen Formen, welche sie dieser Art zuschreiben, angenommen. Ich glaube, dass solche Uebergänge überhaupt selten vorkommen, wenn man sich die Mühe giebt, die Thiere gründlich genug zu untersuchen.

Mayr geht so weit, die *F. subrufa* Rog. als Varietät zu *fusca* zu ziehen, weil er Exemplare von *rufibarbis* gesehen hat, welche sich in der Schuppenform *subrufa*-ähnlich verhielten. In der That ist die Schuppe von *rufibarbis* in ihrer Gestalt sehr veränderlich; aber *subrufa* lässt sich am besten nicht etwa an der Schuppenform, sondern an der Behaarung und Thoraxbildung erkennen. Letztere ist merkwürdiger Weise noch nicht beschrieben worden und mir von keiner andern *Formica* bekannt. Man braucht nur die Ameise von der Seite zu botrachten (Fig. 20), um die nach oben c o n c a v e R ü c k e n l i n i e d e s M e s o n o t u m s zu sehen, w e l c h e, o h n e e i n e n d e u t l i c h e n W i n k e l z u b i l d e n, i n d e n R ü c k e n d e s g l e i c h m ä s s i g g e w ö l b t e n M e t a n o t u m s ü b e r g e h t. — Ich kenne *F. subrufa* nur von der iberischen Halbinsel; ob die angeblichen centralasiatischen Stücke wirklich zu dieser Art gehören, möchte ich dahingestellt lassen. *F. subrufa* ist eine der am besten charakterisirten Arten der Gattung.

F. cinerea Mayr möchte ich auch bis auf weitere Gegenbeweise als besondere Species gelten lassen; mir sind wenigstens keine wirklichen Uebergänge bekannt. Herr Prof. Forel hat mir zweimal angebliche *cinereo-rufibarbis* geschickt. Die eine Form aus Zürich erwies sich als eine stark behaarte *rufibarbis*; die andere aus Bulgarien war eine echte *cinerea* mit etwas röthlichem Thorax. Andere Exemplare, die ich in meiner Sammlung zum Theil als Uebergangsformen von *cinerea* zu *fusca* oder *rufibarbis* aufgesteckt hatte, erwiesen sich bei genauerer Betrachtung nicht als solche. *F. cinerea* unterscheidet sich von allen europäischen Formen der *fusca*-Gruppe ganz scharf dadurch, dass die Unterseite des Kopfes eine grosse Anzahl aufrechter Borstenhaare trägt. Selbst die behaartesten südlichen Formen der *F. fusca* tragen an der Unterseite des Kopfes keine einzige Borste[1]. — Auch die ♀ und ♂ der *F. cinerea* lassen sich an der abstehend behaarten Unterseite des Kopfes leicht erkennen.

F. cinerea kommt in Amerika nicht vor; die von Mayr als solche bestimmte Form werde ich weiter unten als *F. pilicornis n. sp.* beschreiben.

·Zwischen *F. fusca* und *gagates* sind Uebergänge selten: sie scheinen nur an bestimmten Localitäten vorzukommen, und ich möchte die Vermuthung hier aussprechen, dass sie auf Hybridismus beruhen.

Forel hat dagegen ganz Recht, wenn er zwischen *F. fusca* und *rufibarbis* eine Reihe von Uebergangsformen annimmt. Solche sind sogar sehr häufig. Sowohl *fusca* als *rufibarbis* sind in ihrer reinen Form und in ihren Zwischenstufen paläarctisch: *fusca* erstreckt sich bis nach Japan, wo sie durch eine dunkle, ganz matt punktirte Form vertreten ist; *rufibarbis* kenne ich in Varietäten mit hellbraunem oder röthlichem Abdomen von Centralasien und von Peking.

Ob Formen aus der echten *fusco-rufibarbis*-Reihe in Nordamerika einheimisch sind, möchte ich vor der Hand bezweifeln. Mir liegen nur 3 Arbeiter aus Colorado von Herrn Pergande vor, welche ich wirklich von europäischen, etwas hellen und stark behaarten *fusca* (*fusco-rufibarbis*) nicht unterscheiden kann; der genaue Fundort ist nicht angegeben. Mir scheint es nicht unwahrscheinlich, dass diese Ameise

---

1) Ich muss hier bemerken, dass die Form, welche ich hier um Bologna als Sklaven von *Polyergus* fand und für eine Varietät von *cinerea* hielt, eigentlich zu *fusca* gehört. Ich bedaure es besonders, dass ich durch diese unrichtige briefliche Angabe Herrn Wasmann irre geführt habe.

aus Europa importirt sein dürfte, wie es FOREL für *Formica*- und *Myrmica*-Arten in Nordafrika nachgewiesen hat.

Ein ☿ - Exemplar von Kamtschatka scheint durch die Sculptur seines Hinterleibes den Uebergang zur folgenden, in Nordamerika weit verbreiteten Varietät zu bilden, welche daselbst den paläarctischen Typus der *F. fusca* vertritt.

var. *subsericea* SAY.

Von dieser Form liegen mir Exemplare von den Ost- und Central-staaten der Union, sowie von N. Mexico und Californien vor.

Der ☿ unterscheidet sich von dem der echten *fusca* durch schwächere Sculptur des Hinterleibes, dessen schwacher Erzglanz durch die ziemlich dichte anliegende Pubescenz hindurchschimmert. Dieser Glanz ist stärker als bei den oberflächlicher sculptirten und daher stärker glänzenden südeuropäischen Exemplaren der *fusca*. Die Unter-scheidung ist zwar für manche Arbeiter eine ziemlich schwierige, denn wie iu Europa bei *fusca*, so ist auch in Amerika bei ihrer Stellver-treterin die Sculptur veränderlich. Abstehende Behaarung wie bei *fusca*. Die Form der Schuppe variirt bedeutend und ist bei grossen Exemplaren oft auffallend breit und dünn.

Das ♀ ist gut charakterisirt durch gedrungenen Bau. Ich habe Exemplare von N. York und Virginia verglichen. Durch die Form erinnern sie an die europäische *gagates*. Länge 9 mm; Kopf 2 ✕ 2,2; Thorax 3 ✕ 2,4; Abdomen bis 3,3 mm breit. Sculptur und Behaarung fast wie beim ☿; Erzglanz aber noch etwas stärker. Flügel wie beim ♂.

Auch das ♂ ist (wenigstens die mir vorliegenden 2 Exemplare aus Virginia) auffallend gross und stark. Unterschiede gegen die echte *fusca* unbedeutend, abgesehen von der Farbe der Flügel, welche bis zur Spitze gleichmässig stark schwärzlich erscheinen, also etwas dunkler als bei den dunkelsten europäischen ♂ der *F. gagates*.

var. *subaenescens* n. var.

Mit diesem Namen bezeiche ich eine der vorigen sehr ähnliche Form, welche sich davon durch stärkern Glanz und viel spärlichere an-liegende Behaarung unterscheidet. Dadurch wird sie bei oberflächlicher Betrachtung der *F. gagates* nicht unähnlich; die Gestalt ist aber bei weitem nicht so gedrungen wie bei der europäischen *gagates*, und die abstehende Behaarung ist ebenso kurz und kaum reichlicher als bei *subsericea*. Bei *gagates* ist das Abdomen mit viel längern und zahl-reichern Haaren besetzt. Die Oberfläche des Abdomens ist wie bei *subsericea* dicht punktirt (bei *gagates* ist sie bloss quergestrichelt), daher mehr schimmernd als glänzend.

Ich kenne nur ♀ von S. Dakota und Connecticut; ein ♀ von N. Jersey hält die Mitte zwischen dieser Form und *subsericea*.

Einige ♀ und 1 ♀ von St. Pierre und Miquelon sind durch den glänzenden, nur gestrichelten, fast nicht punktirten Hinterleib ausgezeichnet. Thorax matt; Kopf hinten kaum glänzend. Pubescenz und Behaarung sehr kurz und spärlich, aber die Exemplare sind sehr abgerieben, und deswegen lässt sich über diesen Punkt schlecht urtheilen. Farbe wie bei einer hellen *fusca*[1]).

var. *neorufibarbis n. var.*

Formica fusca var. *rufibarbis* MAYR, in: Verh. Zool.-bot. Ges. Wien, 1886, p. 427.

Diese Form vertritt in Nordamerika einigermaassen die europäische *rufibarbis*, mit welcher sie die Färbung gemeinsam hat. Während aber die europäische Form einen ganz matt punktirten Hinterleib besitzt, ist der Hinterleib von *neorufibarbis* ebenso glänzend und schwach anliegend pubescent wie bei *subsericea*; abstehende Behaarung ebenfalls kurz und sparsam.

Mir liegen nur ♀ vor und zwar von S. Dakota und Colorado. MAYR erwähnt dieselbe ausserdem von Nebraska, Montana und Californien.

Uebergänge zu *subsericea* kommen auch vor. Einen *neorufibarbis* näher stehenden ♀ sandte mir Herr PERGANDE vom Utah-Salzsee. Ein ähnliches Exemplar aus Colorado sandte mir Herr Prof. FOREL nebst einem mehr wie *subsericea* gefärbten von Argentine Pass (Rocky Mountains).

---

1) Ueberblickt man die hier aufgeführten Merkmale der var. *subsericea* und *subaenescens*, so bekommt man leicht den Eindruck, es seien diese Formen nur Glieder einer Reihe, welche *fusca* mit *gagates* verbindet, und könnte sie dementsprechend, nach der von FOREL eingeführten Benennungsweise, als *fusco-gagates* bezeichnen. Ich halte diese Anschauung aber nicht für gerechtfertigt, denn der ganze Habitus und die lange Beborstung der *F. gagates* geben dieser Form ein eigenthümliches Gepräge und finden in den erwähnten amerikanischen Formen durchaus keinen Anklang. — Ich betrachte *subsericea* und verwandte nordamerikanische Formen als Sprossen eines besondern Zweiges des *fusca*-Stammes, wovon einige in Folge von paralleler Entwicklung und Convergenz den nahe verwandten europäischen Formen in mancher Beziehung ähnlich wurden.

var. *neoclara* n. *var.*

Eine zierliche kleine Form aus Colorado, von Herrn Pergande. Sie hat die Färbung der orientalischen *clara* Forel, d. h. ganz hellroth, mit hinten gebräuntem Kopf und röthlichem Hinterleib. Sculptur und Behaarung wie bei *subsericea*; Pubescenz am Abdomen reichlicher. Länge $3^1/_2$—$4^3/_4$ mm. Andere Exemplare ebendaher sind etwas grösser und sind am Hinterkopf und Abdomen schwärzlich. — Ich kenne nur Arbeiter.

subsp. *subpolita* Mayr.

Ausser der von Mayr unter diesem Namen beschriebenen Grundform vereinige ich hier als besondere Subspecies eine Reihe von Varietäten der *fusca*-Gruppe, welche durch die äusserst spärliche Pubescenz und die lange und reichliche abstehende Behaarung ausgezeichnet sind. An der Unterseite des Kopfes sind Borstenhaare immer vorhanden. Dabei ist der Hinterleib nicht wie bei den meisten andern nordamerikanischen Formen punktirt, sondern nur äusserst fein und oberflächlich gestrichelt und daher glänzend; Kopf und Thorax sind auch mehr oder weniger glänzend. Die ♀ sind verhältnissmässig klein, mit schmalem Hinterleib, 7—8 mm lang. Breite des Hinterleibes 1,8—2,3 mm.

Als Typus bezeichne ich die von Mayr beschriebene Farbenvarietät, von der mir 2 Originalexemplare (♀) aus S. Francisco, Calif., vorliegen; einige andere Exemplare sandte mir Herr Pergande von Californien und Colorado. Die Farbe ist hellbraun mit dunklerm Kopf und Hinterleib; Behaarung reichlich und lang. — Einige ☿ von Californien und Nebraska sind heller, ganz hellroth mit dunkelbraunem Hinterleib. Sie sind dabei auffallend lang und reichlich abstehend behaart.

Kopf und Thorax sind bei grossen Arbeitern sehr wenig glänzend, bei kleinern mehr. Die von Mayr besonders hervorgehobene Längsstrichelung des Clypeus ist nur bei grossen ☿ deutlich ausgeprägt.

Die Farbe der 2 mir vorliegenden flügellosen ♀ von Californien und Nebraska ist röthlich-braun, mit dunklem Kopf, Hinterleib und Postscutellum. Das eine, welches zu den hellsten ☿ gehört, hat einen weniger gebräunten Kopf.

var. *neogagates* n. *var.*

Formica fusca var. *gagates* Mayr, in: Verh. Zool.-bot. Ges. Wien, 1886, p. 426.

Diese Form hat den Glanz und die Farbe der reinsten Exemplare der europäischen *gagates*, unterscheidet sich aber leicht davon durch

den schlanken Bau, die kleine und stumpf gerandete Schuppe, die
noch spärlichere anliegende Pubescenz und die langen Borsten unter
dem Kopf. Die mir vorliegenden Exemplare sind braun-schwarz, die
Mandibelspitze, die Fühler und die Beine mehr oder weniger roth-
braun, die Schenkel manchmal schwärzlich, öfter die Beine ganz roth.
Von den 2 mir vorliegenden ♀ gehört eines zu sehr dunklen
♀, das andere zu hellbeinigen. Färbung, Sculptur und Behaarung wie
beim entsprechenden ♀; kaum etwas dunkler. Flügel besonders an
der Basis schwach grau getrübt.
Mein einziges ♂ ist durch die sehr reichliche abstehende Behaarung
ausgezeichnet. Schwarz; Mandibeln, Beine und Genitalien roth, Schenkel
in der Mitte braun.
Diese Varietät erhielt ich von Pennsylvanien, N. York, Dakota,
Utah, Louisiana, Maryland.
Einige ♀ von Hill City (S. Dakota) haben nur sehr wenige oder
sogar keine langen Haare unter dem Kopf. Bei einem dazu gehörigen
♀ ist der Kopf matt, dicht punktirt und anliegend behaart; der Hinterleib auffallend dick (2,7 mm breit). Ein ähnliches ♀ theilt mir Herr
Prof. MAYR aus Hudson Bay mit. Man könnte diese Form als Ueber-
gang zwischen *neogagates* und *subsericea* betrachten (Hybridismus?).
Zur Stufenreihe könnten auch die oben beschriebenen Exemplare aus
St. Pierre und Miquelon gezogen werden.

Eine paläarctische Ameise, welche vielleicht zum Kreis der *subpolita*-Gruppe gehört, ist die jüngst von NASSONOW aufgestellte *F.
transcaucasica* [1]). Ich besitze zwei Arbeiter aus Kurusch (Daghestan)
von Herrn CHRISTOPH, auf welche die Beschreibung ziemlich gut passt.
Die anliegende Pubescenz fehlt nicht ganz, ist aber sehr kurz und
spärlich; abstehende Behaarung äusserst kurz und zerstreut; ein paar
Borsten an der Unterseite des Kopfes. Farbe und Sculptur ent-
sprechend der Beschreibung; unten etwas heller.

---

1) Zur Bequemlichkeit der Entomologen gebe ich hier die Ueber-
setzung der russischen Diagnose: *Formica trauscaucasica*. Arbeiter.
Schwarz, Mandibeln dunkelbraun, ebenso der Fühlerschaft, die Gelenke
der Beine, die Tarsen und der untere Theil der Schuppe. Glatt und
glänzend, mit zerstreuter Punktirung und kaum deutlichen Runzeln auf
Kopf und Thorax. Anliegende Haare fehlen. Aufrechte Haare finden
sich nur an der Unterseite des Abdomens und in geringerer Zahl auf
den Schenkeln und zwischen den Fühlern. Sonst wie *F. gagates.* —
Länge 3,5—4,5 mm. — Im Kaukasus bei Tiflis.

Andere Exemplare von Ostsibirien sind reichlicher behaart, aber weniger und kürzer als die mitteleuropäische *gagates*; sie scheinen einen Uebergang zu letzterer zu bilden; unter dem Kopf sind meist keine Borsten zu sehen.

Unter den europäischen Ameisen scheint mir *gagates* am nächsten mit *subpolita* verwandt zu sein.

———

An subsp. *subpolita* lassen sich noch folgende nordamerikanische Formen anreihen, welche vielleicht später als eigene Subspecies angesehen werden dürften.

var.? *montana* n. var.

Arbeiter. Hellbraun mit dunklerm Kopf und braungelben Mandibeln, Fühlern, Beinen und Unterseite des Abdomens. Oberflächlich matt, punktirt und gestrichelt. Ebenso dicht pubescent wie *subsericea* und *neorufibarbis*; abstehende Behaarung viel reichlicher; Haare kurz, stumpf, etwas länger und beinahe so reichlich wie bei der europäischen *cinerea*; Unterseite des Kopfes mit wenigen Borsten; Fühler und Schienen nicht abstehend behaart. Länge 4—4$^1/_2$ mm.

Man könnte diese Ameise eventuell als Misch- oder Mittelform zwischen *subpolita* und *neoclara* betrachten. — Ich erhielt nur 3 ☿ aus Nebraska von Herrn PERGANDE.

var.? *specularis* n. var.

Von dieser Form kenne ich nur ♀ aus Wisconsin, von Herrn WASMANN, und aus Dakota, von Herrn PERGANDE erhalten. — Ersteres ist ganz hellröthlich, Fühlergeissel, Tarsen und Hinterleibsspitze dunkelbraun; bei letzterm sind die ganzen Fühler nebst Postscutellum, Schienen, Tarsen und der ganze Hinterleib braun, erstes Hinterleibssegment vorn rostroth. Das ganze Thier stark glänzend; Mesonotum und Abdomen spiegelglatt polirt, letzteres nur mit sehr wenigen ganz kleinen Pünktchen, welche die ausserordentlich spärliche und kurze Pubescenz tragen; abstehende Borsten nur an der Basis, Spitze und Unterseite des Abdomens ziemlich zahlreich, an Kopf, Thorax und Schuppe spärlich und sehr kurz; Unterseite des Kopfes ohne Borsten. Pubescenz an Kopf und Thorax zerstreut und sehr kurz, fehlt auf dem Mesonotum ganz und gar. 7$^1/_2$—8 mm lang. Kopf hinten breit abgestutzt, mit gerundeten Hinterecken. Clypeus breit gerundet, kaum gekielt, glänzend, schwach schief gestrichelt. Mandibeln glänzend mit starker Sculptur; Schuppe keilförmig, oben gerade abgestutzt.

F. lasioides n. sp.

☿. *Sordide testacea, pedibus et antennis pallidioribus, capite postice abdomineque fuscis; nitida, vix pubescens et copiose subtiliter albido-pilosa, capite subtus cum setis nonnullis, pedibus oblique pubescentibus, antennarum scapo breviter piloso. Long.* $3^1/_2-4^1/_2$ *mm.*

Hill City, S. Dakota; 3 ☿ von Herrn PERGANDE.

Diese kleine Art ist wegen der kurzen Beine und der Farbe einem hellen *Lasius niger* nicht unähnlich. Beim grössten mir vorliegenden Exemplar ($4^1/_2$ mm lang; ohne Hinterleib 3 mm) ist die hintere Tibie kaum über 1 mm lang (bei einer gleich langen *subpolita* 1,2—1,3 mm). Fühler kurz, bei demselben grossen Exemplar, Schaft 1,2, Geissel 1,7; die Geisselglieder dick, höchstens ein Drittel länger als dick; das erste sehr bedeutend länger als die folgenden, bei einem Exemplar fast doppelt so lang. Kopf- und Thoraxbildung ungefähr wie bei *fusca*; Clypeus gekielt, fein punktirt, wenig glänzend; Stirnfeld ebenso; Mandibeln fein gestrichelt, matt, 6zähnig, Schuppe nicht dick, vorn convex, hinten platt. Die ganze Körperoberfläche glänzend, sehr fein gestrichelt-genetzt und sehr spärlich und fein punktirt; anliegende Pubescenz äusserst kurz und spärlich, kaum sichtbar; aufrechte Borsten kurz, ziemlich reichlich, sehr fein und weisslich; Unterseite des Kopfes mit langen, feinen Borsten. Beine mit etwas schief abstehender langer Pubescenz; Fühlerschaft mit kurzen, aufrechten Härchen reichlich besetzt. Farbe gelb-braun, Fühler und Beine heller, Kopf hinten und Hinterleib dunkelbraun.

F. pilicornis n. sp.

Formica fusca var. *cinerea* MAYR, in: Verh. Zool.-bot. Ges. Wien, 1886, p. 427.

☿. *F. fuscae quoad corporis structuram proxima, testaceo-fusca, capite postice abdomineque fuscis, opaca, dense pubescens, griseo-micans, pilis erectis brevibus etiam in oculis, scapis et tibiarum margine extensorio copiose hirsuta. Long.* $4^1/_2-5^1/_2$ *mm.*

Variat thorace pedibusque rufescentibus, squama crassiore.

♀ (*varietatis*). *Similiter pilosa et pubescens, capite antice rufo, postice fusco, thorace rufo-maculato, pedibus rufis, squama profunde emarginata. Long.* $9^1/_2$ *mm.*

♂ (*varietatis*). *Scapis parce, tibiis copiosius pilosis, oculis pilosis; fuscus, pedibus et genitalibus rufis. Long.* $8^1/_2$ *mm; alae fuscatae, costis nigricantibus.*

Bis jetzt nur aus Californien erhalten.

Der Arbeiter dieser Art ist im Habitus, besonders wegen der matt punktirten Oberfläche und der Pubescenz, der europäischen *cinerea* MAYR sehr ähnlich und wurde von MAYR in einer Arbeit über nordamerikanische Ameisen als solche betrachtet. Sie ist aber davon sehr leicht zu unterscheiden; die aufrechte Behaarung ist länger als bei *cinerea*, und nicht nur die Oberfläche des Körpers, sondern auch die Augen, der Fühlerschaft und die Beine, einschliesslich der Streckseite der Tibien, sind mit Borstenhaaren besetzt. Die Schuppe ist ziemlich dünn, oben abgestutzt mit schwachem Einschnitt. Von dieser Form, welche ich als den Typus der Art betrachte, besitze ich nur ☿ aus Tres Pinos in Californien, von Herrn PERGANDE.

Andere Arbeiter aus S. Jacinto sind heller gefärbt mit etwas dickerer, oben mehr stumpfer, nicht eingeschnittener Schuppe. Zu derselben Varietät gehören je 1 ♂ und ♀ von dem gleichen Fundorte von Herrn PERGANDE. Ein anderes ♂ aus Californien ohne genauere Angabe sandte mir Herr Prof. MAYR. — Das ♀ ist robust, einem grossen ♀ von *rufibarbis* in Habitus und Färbung ähnlich. Behaarung wie beim ☿. — Beim ♂ trägt der Fühlerschaft nur vereinzelte Haare, aber die behaarten Augen zeichnen es vor allen ähnlichen Arten aus.

Durch die oben beschriebene Behaarung ist *F. pilicornis* von allen nordamerikanischen *Formica*-Arten leicht zu unterscheiden. Nur *F. lasioides* hat Haare am Fühlerschaft, aber nicht an den Tibien, und ihre Augen sind unbehaart. — Die centralasiatische *F. aberrans* MAYR ist an Fühlerschaft und Tibien ähnlich behaart, ist aber (nach MAYR's Beschreibung) durch die besondere Bildung der Fühler und der Stirnleisten ausgezeichnet.

F. ruflventris n. sp. (Taf. 22, Fig. 11).

.Von dieser neuen Art kenne ich nur ein ♂, welches mir von Herrn Prof. MAYR mit der Fundortsangabe „Goat Island" mitgetheilt wurde. — Die Farbe ist besonders auffallend: Schwarz mit rothen Beinen und ganz hellrothem, ziemlich glänzendem Hinterleib; die Schuppe zum Theil roth, oben schwach ausgerandet. Genitalien sehr robust. Tibien nicht abstehend behaart, Kopf ausserordentlich kurz, mit kaum vorragenden Augen (Fig. 11). Länge 10 mm. Flügel gleichmässig bräunlich mit dunklen Adern. Ein zweites ♂ von S. Gregorio in Californien sah ich in Herrn Prof. FOREL's Sammlung.

Polyergus Latreille.

P. rufescens Latr.

subsp. *lucidus* Mayr.

Ich betrachte diese bekanntere nordamerikanische Form mit Forel als Unterart oder Rasse des *P. rufescens*. — Ausser dieser besitzt das nearctische Gebiet eine zweite Form, welche dem europäischen Typus der Art noch ähnlicher ist, da sie von demselben in Bezug auf Sculptur, Glanz und Behaarung überhaupt nicht abweicht. Ich bezeichne sie als:

subsp. *breviceps* n. *subsp.*

Die mir vorliegenden ♀ aus S. Dakota und Colorado von Herrn Pergande unterscheiden sich von der europäischen Form durch die geringere Grösse (5—6 mm), den kürzern Kopf, der kaum so lang wie breit oder sogar etwas kürzer als breit ist (bei allen europäischen ♀, die ich gemessen habe, ist er deutlich länger als breit), und den etwas dickern, gegen die Spitze deutlich keulenartig verdickten Fühlerschaft.

Myrmecocystus Wesmael.

M. mexicanus Wesm.

var. *horti-deorum* Mc Cook.

M. melliger Forel, in: Aerztliches Intelligenzblatt, München, 1880.
M. hortus-deorum Forel, in: Ann. Soc. Entom. Belgique, T. 30, p. 202.

Diese Form wurde von Mc Cook aus Colorado beschrieben; ausserdem lebt sie in Louisiana und Californien. Einige kleine Arbeiter aus Los Angeles (Calif.), die ich von Herrn Pergande erhielt, sind etwas schärfer sculptirt als die Typen; der Kopf daher weniger glänzend.

Ein Originalexemplar des ♀ von *M. mexicanus* aus der Coll. Wesmael verhält sich in Bezug auf die Form des Clypeus und der Schuppe, sowie auf die Grösse der Augen genau wie Typen des *M. horti-deorum*, die ich von Herrn Prof. Forel erhielt. Nur die Farbe ist verschieden; ich betrachte deswegen die Mc Cook'sche Form als Varietät von *mexicanus* Wesm.

M. melliger (Llave?) Forel.

M. melliger Forel, in: Ann. Soc. Entom. Belgique, T. 30, p. 202 (excl. synon.) (nec Forel, in: Aerztl. Intelligenzbl. München).

Da es absolut nicht zu eruiren ist, welche Art von LLAVE als *Formica melligera* beschrieben wurde, und Typen nicht existiren, so schlage ich vor, als Autor der Species nur FOREL zu citiren, welcher dieselbe zuerst genau unterschieden und beschrieben hat. Ich erhielt sie von Herrn PERGANDE in zwei verschiedenen Farbenvarietäten:

a) var. *semirufus n. var.*

☿. Hellroth, mit dunkel rostfarbener Schuppe und hintern Hüften und Schenkeln; Hinterleib pechschwarz, stark grau seidenschimmernd. — Californien, Colorado.

Kleinste ☿ (3 mm) aus Denner (Color.) sind schwarz-braun; Kopf vorn, Fühler und Beine röthlich.

Das ♂ dieser Varietät des *M. melliger* unterscheidet sich von dem von FOREL beschriebenen ♂ *horti-deorum* durch die Mandibeln, welche hinter der Endspitze keine Zähnchen tragen; der Kopf ist ohne Augen nicht länger als breit; der mittlere Lappen des Hypopygiums abgestutzt; Genitalien sonst wie bei *horti-deorum*; Körperform wie bei dieser Art. Farbe schwarz mit bräunlichen Mandibeln, Fühlern, Tarsen und Genitalien; Flügel gelblich, mit braunen Adern und Randmal; eine grosse Discoidalzelle. Länge 5—6 mm; Kopf ohne Augen 1×1; Vorderflügel $6-6^{1}/_{2}$ mm.

b) var. *testaceus n. var.*

☿. Ganz gelb-roth mit etwas grauem Hinterleib.
S. Jacinto, Calif.

Camponotus MAYR.

Von dieser grossen Gattung, welche unter den Ameisen die umfangreichste ist und mehr als 350 beschriebene Arten und Unterarten enthält, besitzt Nordamerika nur eine sehr beschränkte Zahl. Davon sind die meisten mit paläarctischen Arten nahe verwandt oder sogar identisch; nur wenige, wie *floridanus, fumidus, mina* und *socius*, sind zweifellos neotropischer Herkunft.

Die Arbeiter der mir bis jetzt aus den Staaten der Union bekannt gewordenen Arten lassen sich mit Hülfe folgender Tabelle bestimmen.

A. Kopf des grossen Arbeiters vorn nicht scharf abgestutzt. [subg. *Camponotus*.]
I. Der ganze Körper einschliesslich der Fühler und Beine glanzlos.
socius ROG.

II. Wenigstens der Fühlerschaft und die Beine glänzend.

* Fühlerschaft und meist auch die Schienen abstehend behaart[1]).
   Behaarung der Beine und Fühler lang und reichlich. Farbe
   hell rostroth mit schwarzem Hinterleib.
   (*abdominalis* FAB.) subsp. *floridanus* BUCKL.
   Fühlerschaft abstehend behaart, Beine kaum behaart. Farbe
   lehmgelb.   *fumidus* ROG. var. *pubicornis* EM.
   Fühlerschaft und Beine mit kurzen, weissen Härchen. Farbe
   schwarz.   *laevigatus* F. SM.

** Fühlerschaft und Schienen nicht abstehend behaart.

   † Clypeus in der Mitte seines Vorderrandes weder eingeschnitten
   noch mit scharfem Eindruck. Maximalgrösse meist über
   8 mm.   [*maculatus*-Gruppe.]
   § Clypeus gekielt, mehr oder minder lappenartig vorgezogen
   (Unterarten von *maculatus* FAB.).
      o Fühlerschaft an der Basis plattgedrückt und ziemlich breit.
      Kopf glanzlos.   subsp. *vicinus* MAYR.
      [mit var. *semitestaceus* EM. und *nitidiventris* EM.]
      Kopf besonders hinten etwas glänzend.
      subsp. *maccooki* FOR. [mit var. *sansabeanus* BUCKL.]
   oo Fühlerschaft an der Basis dünn, nicht compress. Kopf
      schwarz-braun, Hinterleib und meist Thorax hellroth;
      Tibien braun.   subsp. *ocreatus* EM.
   §§ Clypeus ungekielt, vorn nicht oder wenig vorgezogen. Fühler-
      schaft nicht plattgedrückt (nur bei einer var. von *americanus*
      etwas compress).
      o Hinterkopf bei grossen Exemplaren stark glänzend, Farbe
      wenigstens zum Theil hellroth.   [*castaneus* LATR.]
      Ganz honiggelb; Hinterleib oft etwas dunkler.
      .   *castaneus* LATR.
      Kopf dunkelbraun.   . subsp. *americanus* MAYR.
   oo Hinterkopf bei grossen Exemplaren nicht oder nur
      schwach glänzend.   [*herculeanus* L.]
      v Hinterleib reichlich mit langer, anliegender Pubescenz
      besetzt.
      Farbe ganz schwarz. subsp. *pennsylvanicus* D. G.
      Thorax und Beine hellroth.· var *ferrugineus* FAB.

---

1) Hierher gehört auch der mir nur durch die Beschreibung bekannte
C. *mina* FOREL.

ᵛᵛ Hinterleib kurz und spärlich pubescent.

    Grösser: Thorax ganz schwarz; Hinterleib glanzlos.

                            subsp. *herculeanus* L.

    Kleiner: Thorax zum Theil braunroth; Hinterleib etwas glänzend.

          (subsp. *ligniperdus* Latr.) var. *pictus* Forel.

†† Clypeus in der Mitte seines Vorderrandes, besonders bei grossen Exemplaren mit scharfem Einschnitt oder wenigstens mit einem deutlichen Eindruck. Maximalgrösse meist unter 8 mm.   [*marginatus*-Gruppe.]

  § Wangen ohne abstehende Borsten und ohne Grübchen, sondern nur mit feinen Punkten, aus welchen zerstreute und ganz anliegende Härchen entspringen (nur ausnahmsweise sehr wenige kurze Borstenhaare).

    o Thorax in der Mesometanotalnaht eingedrückt. *hyatti* Em.

    oo Thorax nicht eingedrückt.

      ᵥ Gross (maximal 8 mm), glänzend, hellroth mit schwarzem Hinterleib. Kopf des grossen Arbeiters sehr breit und hinten stark eingeschnitten. Hinterleib sehr glänzend mit äusserst spärlicher Pubescenz. *sayi* Em.

      ᵥᵥ Kleiner (maximal 6½ mm), verschiedenartig gefärbt und mit minder glänzendem und reichlicher pubescentem Hinterleib.   (*marginatus* Latr.)

      Kopf, Thorax und Hinterleib schwarz-braun.

                      var. *nearcticus* Em.

      Kopf und Abdomen schwarzbraun, Thorax röthlich.

                      var. *minutus* Em.

      Roth, mit schwarz-braunem Hinterleib.

                      var. *decipiens* Em.

  §§ Wangen mit starken Grübchen, aus welchen aufrechte Borsten entspringen.

    o Wangen nur mit wenigen Grübchen, Clypeus meist ohne solche.   [(*marginatus* Latr.) subsp. *subbarbatus* Em.]

      Farbe gelb - braun, Hinterleib heller, mit braunen Querbinden.   subsp. *subbarbatus.*

      Farbe braun-schwarz.   var. *paucipilis.*

    oo Wangen und Clypeus mit Grübchen.

        [(*marginatus* Latr.) subsp. *discolor* Buckl.]

    Schwarz-braun; Beine zum Theil röthlich.

                    var. *cnemidatus* Em.

                44 *

Kopf und Abdomen schwarz-braun, Thorax hellroth.

var. clarithorax EM.

Roth mit schwarz-braunem Abdomen.

subsp. discolor BUCKL.

B. **Kopf des grossen Arbeiters vorn scharf abgestutzt; keine Uebergangsstufen zwischen grossem und kleinem Arbeiter.** [subg. *Colobopsis* MAYR.] [1])

In Nordamerika nur eine Art.   *impressus* ROG.

Es sei bemerkt, dass der Gebrauch der Tabelle bei der Bestimmung von Uebergangsformen, wie solche zwischen den verschiedenen Unterarten und Varietäten vorkommen, in manchen Fällen Schwierigkeiten machen dürfte; so z. B. für gewisse texanische Exemplare von americanus, die durch den deutlich gelappten Clypeus und den etwas platten Fühlerschaft zu maccooki überzugehen scheinen. Auch sind vereinzelte kleine Arbeiter immer viel schwieriger zu bestimmen als grosse.

C. socius ROG.

Liegt mir nur aus Florida vor; ebenso

C. abdominalis FAB. subsp. floridanus BUCKL.

C. fumidus ROG. var. pubicornis n. var.

Ich erhielt von Herrn G. B. CRESSON unter dem Namen *C. fumidus* ROG. einen grossen und einen kleinen Arbeiter von Colorado, welche mit der Beschreibung ROGER's im Allgemeinen stimmen. Ob sie aber wirklich zu dieser Art gehören, muss ich dahingestellt lassen, da ROGER seine Art aus Venezuela erhielt (woher mir keine Exemplare derselben vorliegen) und den Fühlerschaft ohne abstehende Haare beschreibt. Meine Exemplare aus Colorado haben daselbst einzelne abstehende Haare. — Bei einer sehr ähnlichen Varietät aus Haiti ist die Behaarung am Körper und Fühlerschaft reichlicher. Tibien ohne abstehende Haare. Der Kopf des kleinen ♀ ist hinten abgerundet, vorn etwas verengt.

Maasse der ♀ aus Colorado:

♀ major Länge $9^1/_2$ mm; Kopf $2,8 \times 2,5$; Fühlerschaft 2,5.
♀ minor   „   7   „   „ $1,8 \times 1,2$;   „   2,2.

---

1) Diese Charakterisirung des Subgenus *Colobopsis* gilt nicht für alle Arten.

C. laevigatus F. Sм.

Von dieser Art liegen mir 1 ♀̯ und 1 ♀ aus Californien vor.
3 flügellose ♀ von Descanso, Calif., scheinen mir einer neuen Form
anzugehören, welche mit *laevigatus* nahe verwandt sein dürfte.
Sie haben die kurze Kopfform der *herculeanus* - Weibchen.
Mandibeln 6 zähnig; Clypeus nicht deutlich gelappt, in der Mitte etwas vorgezogen
und abgestutzt, undeutlich gekielt; der ganze Kopf glanzlos, dicht
punktirt, mit zerstreuten, haartragenden, flachen Punkten; Wangen mit
einigen langgezogenen, borstentragenden, Grübchen; Seiten des Kopfes
mit kurzen, steifen Borsten; Tibien mit schief abstehender Pubescenz;
Körperfarbe ganz wie bei *C. ligniperdus* ♀. — Ich ziehe es vor, diese
Form nicht zu benennen, solange der Arbeiter nicht bekannt ist.

C. maculatus Fab.

Von den zahlreichen Unterarten und Varietäten dieser auf der
ganzen Erde verbreiteten Species sind bis jetzt in Nordamerika folgende gefunden worden.

subsp. vicinus Mayr.

Diese Unterart sowie der nahe verwandte *C. maccooki* sind durch
die Bildung des Fühlerschafts ausgezeichnet. Dieser ist an der Basis
plattgedrückt und ziemlich breit; nach der Spitze ist er, wenn man
ihn von seiner breiten Seite betrachtet, wenig verdickt. Die Sculptur
ist am Kopfe dichter als bei *maccooki*, so dass er ganz glanzlos erscheint (nur die Hinterecken haben bei sehr grossen ♀̯ einen schwachen
Glanz); der Thorax ist glanzlos. Die ♀̯ maxima ist etwas grösser und
grossköpfiger als bei *maccooki*.
Länge 13 mm; Kopf 3,7 × 3,5; Fühlerschaft 3,2.
Der Fühlerschaft ist verhältnissmässig länger und an der Spitze
minder verdickt als bei *maccooki*. Der Kopf des kleinen ♀̯ wie bei
maccooki geformt.
Die Kopfform der mir vorliegenden ♀ aus Descanso, Calif., ist
länglich, wie sie von Forel für *maccooki* beschrieben wird: Länge
16 mm, Kopf 3,5 × 3,1. Ich bin aber nicht ganz sicher, ob diese ♀
wirklich zu *vicinus* gehören, da sie vom ♀̯ in der Sculptur des Abdomens abweichen. Letzteres ist nämlich nicht quergestrichelt, sondern dicht punktirt.

Als Typus der Subspecies betrachte ich solche Arbeiter, welche
ungefähr die Farbe von hellen *C. herculeanus* besitzen. Der Hinter-

leib ist sehr dicht gestrichelt und mehr schimmernd als glänzend. Ich erhielt sie nur aus Californien. Einige kleine ♀ von Beckwith, Calif. (5000 F.), sind dunkler, d. h. ganz schwarz, mit dunkel roth-braunem Thorax.

var. *nitidiventris* n. var.

Exemplare aus Louisiana und Colorado sind an Kopf und Thorax kaum schwächer sculptirt als der Typus, aber der Hinterleib ist feiner und weniger tief gestrichelt, und daher etwas glänzend. Diese Varietät bildet den Uebergang zu *maccooki*.

var. *semitestaceus* n. var.

Herr PERGANDE sandte mir 2 ♀ von Plummer Co, Calif. (5000 F.), welche sich durch besonders helle Farbe auszeichnen: Thorax und Füsse roth-gelb; Kopf dunkel rostroth, Scheitel, Mandibeln und Fühlerschaft pechbraun; Hinterleib lehmgelb. — Andere Exemplare von Fullers Mill, S. Jacinto, Calif., sind noch heller, ganz lehmgelb, mit zum Theil schmutzig-hellbraunem Kopf. Die Wangen tragen ein paar ganz kurze Borsten; die abstehende Behaarung reichlicher als sonst; Unterseite des Kopfes mit vielen Haaren.

subsp. *maccooki* FOREL (Taf. 22, Fig. 29).

Von dieser Unterart besitze ich nur ein wirklich typisches Stück (♀ media von der Insel Guadelupe), welches ich von Herrn Prof. FOREL erhielt. Die platte Form des Fühlerschafts (von FOREL nicht erwähnt) ist nicht minder ausgesprochen als bei *vicinus*, der Schaft, von der breiten Seite gesehen, gegen die Spitze kaum verdickt. Die Wangen haben nur ganz kleine, nicht grübchenartige, eingestochene Punkte.

Die gleiche Sculptur finde ich bei kleinen und mittlern ♀ von Descanso, Calif. Beim grossen ♀ (Länge 10 mm, Kopf 3,2 × 2,8, Fühlerschaft 2,7) sind die Punkte an den Wangen grösser; ihr Durchmesser entspricht etwa drei Punkten der Grundpunktirung. Der Fühlerschaft ist noch stärker abgeplattet (Fig. 29), an der Basis schwach lappenartig erweitert. Form des Clypeus wie beim Typus. Kopf pechbraun, Clypeus, Wangen und Vordertheil der Stirn mehr oder weniger röthlich; Thorax und Hinterleib rostfarben, letzterer hinten schwärzlich, selten oben ganz schwarz.

var. *sansabeanus* BUCKL.

Bei einer Form aus Texas und Louisiana ist der Clypeus schwächer gekielt und kürzer gelappt als beim Typus von *maccooki*. Kopf des

♀ kurz, 2,8 × 2,7 mm. Beim grossen ☿ und ♀ an den Wangen jederseits ein paar längliche Grübchen, aus welchen starke Borsten entspringen. Fühlerschaft wie bei *maccooki*. Färbung wie bei den hellsten Exemplaren von *maccooki*, sogar noch heller. Hell rostroth oder rostgelb, Kopf dunkler. Bei grossen ☿ und ♀ ist der Kopf dunkelbraun, der Thorax oben ebenso. Die hintern Ringe des Abdomens in grösserer oder geringerer Ausdehnung schwärzlich. Passt ganz vorzüglich auf die Beschreibung der von Buckley ebenfalls nach texanischen Exemplaren aufgestellten *Formica sansabeana*, welche Mayr zu *C. marginatus* zieht. Dass dies nicht richtig sein kann, beweist die angegebene Grösse (♀ 0,62 inch, ☿ 0,48 inch).

Sowohl *C. maccooki* als *C. vicinus* bieten manche Aehnlichkeit mit am Clypeus kiellosen Formen der *maculatus*-Gruppe. Ersterer ähnelt mehr dem *C. castaneus*, letzterer neigt zu *herculeanus*. Wirkliche Uebergänge sind mir, abgesehen von einer unten zu beschreibenden Form von *castaneus*, nicht bekannt.

---

subsp. *ocreatus* n. subsp.

Im Habitus sowie in der Kopf- und Clypeusbildung bietet diese Unterart die grösste Aehnlichkeit mit *maccooki* Forel, unterscheidet sich aber davon durch die schwächere Sculptur; der ganze Kopf ist daher beim ☿ major glänzender (kaum weniger glänzend als beim typischen *castaneus*). Die zerstreuten Punkte an den Seiten des Kopfes sind kleiner und minder zahlreich. Der Fühlerschaft ist schlanker, länger, an der Basis weder plattgedrückt noch erweitert. Die Farbe der mir vorliegenden 3 Exemplare (1 grosses und 2 mittlere) ist lehmgelb, Kopf, Fühlerschaft, erstes Geisselglied, Knie, Tibien und erstes Tarsalglied schwarz, der Rest der Tarsen und der Geissel braun; beim grossen ☿ ist der Thorax dunkler, Pronotum und Mesonotum pechbraun, Hinterleibsspitze schwärzlich.

Länge des ☿ major 12 mm; Kopf 3,5 × 3,2; Schaft 3,4; Hinterschenkel 4.

Panamint Mts. in Californien von Herrn Pergande.

C. castaneus Latr.

Die Form, welche als Typus der Art betrachtet werden muss, ist in allen drei Geschlechtern einfarbig lehmgelb oder roth-gelb; Kopf

und Hinterleib bei ☿ und ♀ öfter dunkler. Diese Form scheint sehr
constant zu sein. Dazu beziehe ich die von MAYR sub 1, 2, 3 aufgeführten Farbenvarietäten.

subsp. *americanus* MAYR.

Unter diesem Namen vereinige ich die Varietäten, welche einen
zum Theil schwarz-braunen Kopf haben. Der Thorax ist meist roth
oder roth-gelb, hinten manchmal gebräunt, der Hinterleib roth-gelb und
braun geringelt, bei südlichen Exemplaren zum Theil braun-schwarz.
Ein wirklicher allmählicher Uebergang von einer Unterart zur andern
scheint mir, soweit mein nicht sehr grosses Material reicht, nicht
zu bestehen. Die mir von Herrn PERGANDE als zu *americanus* ge-
hörig gesandten ♂ sind ganz schwarz.

Ein ☿ und ein ♀ aus Texas in meiner Sammlung sind dadurch
ausgezeichnet, dass der Clypeus vorn einen deutlichen abgerundeten
Lappen bildet, welcher aber ganz ungekielt ist; der Hinterleib ist fast
ganz schwarz. Ich betrachte diese Varietät als Uebergang zu *maccooki*;
der Fühlerschaft ist kürzer als bei *americanus* und dabei etwas plattgedrückt, aber nicht so deutlich wie bei *maccooki*; bei *castaneus* und
americanus ist sonst der Schaft schlanker und an der Basis durchaus
nicht compress.

C. herculeanus L.

Die mir vorliegenden Exemplare der typischen Form (aus Dakota,
Colorado, Utah) bieten eine sehr starke Sculptur und kommen dadurch
dem *C. pennsylvanicus* nahe. Nach FOREL, welcher ein reichlicheres
Material besessen haben dürfte, finden sich in Nordamerika alle Uebergangsstufen zwischen beiden Formen.

subsp. *ligniperdus* LATR. var. *pictus* FOREL.

Nach MAYR kommt der echte *ligniperdus* in Texas vor. Ich habe
keine reinen Exemplare dieser Subspecies gesehen: alle ♀- und ♂-Exem-
plare, die ich aus Nordamerika erhalten habe, bieten mehr oder weniger
deutliche Anklänge an die von FOREL aufgestellte var. *pictus* dar,
wenn nicht in der Färbung des Körpers der ♀, so doch in den hellen
Flügeln.

MAYR stellt die var. *pictus* wegen der hellen Flügel zu *herculeanus*, was mir nicht richtig scheint, denn die Sculptur ist ganz dieselbe wie bei *ligniperdus*, und die ☿ sind von dieser Form oft gar nicht
zu unterscheiden.

subsp. *pennsylvanicus* DE GEER.

Diese in Nordamerika sehr verbreitete Art ist in ihren verschiedenen Varietäten von meinen Vorgängern genügend beschrieben worden [1]).

C. marginatus LATR.

Als **T y p u s** der Art betrachte ich die westeuropäische Form. Die Maximallänge der ☿ beträgt 7 $^{1}/_{2}$ mm; die Breite der grössten Köpfe 2,3 mm. Die ♀ sind durchschnittlich 10 mm lang. Die Wangen haben nur ganz kleine eingestochene Punkte, welche keine Borsten tragen, sondern mikroskopisch kleine, liegende Härchen. Farbe pechschwarz, mit mehr oder weniger braunen Beinen. Diese Form kommt in Amerika **n i c h t** vor [2]).

var. *nearcticus n. var.*

Durch diesen Namen bezeichne ich die dem Typus am nächsten stehende nordamerikanische Form. Farbe und Sculptur wie beim Typus. Durchschnittlich kleiner: ☿ Maximallänge 6 $^{1}/_{4}$ mm, Kopfbreite 1,7; ♀ 8 mm lang. Steht dem Typus sehr nahe, da aber die erwähnten Grössenunterschiede sehr beständig sind, scheint mir diese geographische Varietät einen besondern Namen zu verdienen. Wie beim europäischen Typus sind die grössten ☿ durch einen stark gewölbten Metathorax ausgezeichnet.

Scheint weit verbreitet zu sein. Mir liegen Exemplare von N. York, D. Columbia, Pennsylvania, Florida und Californien vor.

---

1) Man vergleiche FOREL, Etudes myrmécologiques en 1879, in: Bull. Soc. Vaudoise Sc. Nat., T. 16, p. 57, und MAYR, in: Verh. Zool.-bot. Ges. Wien, 1886, p. 420.

2) Eine Varietät aus Südrussland hat die helle Färbung der amerikanischen var. *minutus* EM.; ich kenne nur kleine Arbeiter aus Sarepta. Ich erhielt von Herrn Prof. MAYR 2 Arbeiter aus Japan, welche von allen mir bekannten durch die ansehnliche Grösse abweichen. Es sind ☿ mediae, und doch sind sie 8 mm lang. — Mandibeln am Aussenrand wenig gekrümmt, ganz glanzlos, äusserst dicht fingerhutartig punktirt, an der Basis fast ohne haartragende grübchenartige Punkte; in der Apicalhälfte mit vielen solchen, welche nicht ganz so gross sind wie bei subsp. *discolor* BUCKL., aber grösser als beim Typus. Farbe und Sculptur wie beim Typus. Kopf vorn heller. — Stimmt mit F. SMITH's Beschreibung von *C. vitiosus* bis auf die Grösse gut. Da aber SMITH ausdrücklich bemerkt, dass er eine ☿ minor vor sich hatte, und MAYR diese Art, nach Ansicht des Originalexemplars, auf *marginatus* bezieht, so glaube ich *C. vitosus* auf die eben beschriebene Form beziehen und als Unterart von *marginatus* betrachten zu dürfen.

var. *minutus* n. var.

Eine noch kleinere Form, mit gleicher Sculptur und Behaarung, aber heller gefärbt; ♂ maximal 5 mm lang, Kopfbreite 1,5; ♀ 7 mm. ♂ Kopf vorn, Prothorax oder der ganze Thorax rostroth, letzterer oft roth-gelb; Beine und Fühler roth-gelb. ♀ Kopf, vorn und Seiten des Thorax röthlich, Fühler und Beine roth-gelb. D. Columbia, Maryland, Missouri, N. Jersey. Vielleicht gehört *F. americana* BUCKL. hierher.

var. *decipiens* n. var.

Eine dritte Varietät ist auf den ersten Blick wegen ihrer Färbung mit der weiter unten zu beschreibenden Subspecies *discolor* BUCKL. täuschend ähnlich, verhält sich aber in Bezug auf Sculptur und Behaarung wie der Typus. Beim ♂ sind Kopf, Thorax, Stielchen, Fühler und Beine hellroth, der Hinterleib pechschwarz. Beim ebenso gefärbten ♀ ein brauner Fleck auf dem Schildchen. Ich kenne sie aus Indiana und Texas. Die Exemplare aus dem ersten Fundort haben die Grösse der var *nearcticus* (♀ 8 mm); die Texaner sind grösser (♀ 10¹/₂ mm); ich habe keine ♂ maxima gesehen.

subsp. *subbarbatus* n. subsp.

Diese neue Subspecies begründe ich auf einer kleinen hellen Form, deren Arbeiter wegen dichter, feiner, fingerhutartiger Punktirung des Kopfes und Thorax auf diesen Abschnitten des Körpers völlig glanzlos ist. Der Hinterleib ist sehr oberflächlich quergestrichelt und stark glänzend. Sculptur der Mandibeln wie bei *nearcticus*. Wangen mit wenigen grossen, stark langgezogenen Grübchen, aus welchen je eine kurze, steife Borste entspringt. Clypeus ohne, oder bei grossen ♂ mit sehr wenigen solchen Grübchen. Farbe schmutzig gelb-braun; Seiten des Thorax hinten dunkler; Hinterleib hinten schwärzlich, seine Segmente mit breiter gelber Randbinde; das 1. Segment manchmal ganz gelb. Der Kopf oft rostbraun. Länge 3¹/₂—6¹/₂ mm; Breite der grössten Köpfe 1,6 mm.

In der Sculptur verhält sich das ♀ wie der ♂. Die Färbung ist sehr charakteristisch: rothbraun, Scheitel und Rücken des Thorax braun-wolkig oder braun, Meso- und Metapleuren und Stielchen dunkelbraun; Prothorax, Fühler und Beine roth-gelb; Hinterleib dunkelbraun, sehr auffallend breit roth-gelb geringelt; seine Basis und Bauchfläche schmutzig roth-gelb. Länge 8—9 mm.

Die ♂ sind klein (5—5¹/₂ mm); Form des Kopfes wie bei

nearcticus; Punktirung stärker, so dass der ganze Kopf ganz glanzlos erscheint. Wangen und Unterseite mit mässig langen und wenig zahlreichen Haaren.

Aus D. Columbia und Virginia.

var. *paucipilis n. var.*

Einige ⚥ aus Washington, D. C., haben die Farbe und den Glanz von *nearcticus*, aber einige sehr wenige borstentragende Grübchen an den Wangen. Ein dazu gehöriges ♂ steht *nearcticus* näher als *subbarbatus*.

Herr PERGANDE schreibt mir, dass diese Form constant an lebenden Eichen vorkommt, während die vorigen nur auf todten Bäumen gefunden werden.

subsp. *discolor* BUCKLEY.

Formica discolor BUCKL., in: Proc. Entom. Soc. Philadelphia, 1866, p. 166.

Ich glaube nicht zu irren, wenn ich auf diese Art einen *Camponotus* beziehe, den ich mehrfach aus Texas erhalten habe, immer ohne genauere Fundortsangabe. Merkwürdigerweise kommt in Texas eine Varietät des *C. marginatus* vor (var. *decipiens* EM.), welche genau dieselbe Färbung hat. Die Worte BUCKLEY's in der Beschreibung des ⚥: „epistoma and posterior part of the abdomen somewhat hairy, the rest smooth and shining" scheinen mir aber auf *decipiens* nicht zu passen.

Der typischen Subspecies von *C. marginatus* ist der Arbeiter dieser Form sehr ähnlich; er hat ganz denselben Körperbau; der Kopf ist aber beim ⚥ major etwas kräftiger, der Clypeus vorn kaum vorspringend. Ganz auffallend unterscheidet sich aber *discolor* dadurch, dass die Mandibeln, der Clypeus und die Wangen dicht mit grossen grübchenförmigen, zum Theil schief eingestochenen Punkten besetzt sind, aus welchen je eine kurze steife Borste hervorwächst. Aehnliche, kurze Haare tragende Punkte sind auf der Stirn und an den Seiten des Kopfes zu sehen. Durch diese Sculptur erhält der Vordertheil des Kopfes ein besonders rauhes Aussehen. Bei kleinen ⚥ sind die Grübchen und Borsten an den Wangen und am Clypeus viel weniger zahlreich.

Beim ⚥ sind Kopf, Thorax, Stielchen und Glieder hell rostroth, der Hinterleib pechschwarz, mit schmalen strohgelben Segmenträndern. — Beim ♀ ist ausserdem das Scutellum schwarz, der Thorax oben etwas gebräunt.

Das Männchen unterscheidet sich von dem des *C. marginatus* durch bedeutendere Grösse und mehr länglichen, an den Wangen und Unterseite reichlicher lang behaarten Kopf; der Abstand zwischen Vorderrand der Augen und Mandibelgelenk ist ungefähr dem grössten Durchmesser der Augen gleich. — Bei *C. marginatus* ♂ ist dieser Abstand viel geringer.

☿ Länge 5—7¹/₂ mm; Breite der grössten Köpfe 2,2. — ♀ 10 mm. — ♂ 9 mm.

Diese Form könnte etwa als besondere Art betrachtet werden, wenn *subbarbatus* nicht in gewisser Beziehung den Uebergang von *marginatus* zu folgender Varietät bilden würde.

var. *clarithorax* n. var.

Der ☿ unterscheidet sich vom Typus der Unterart durch die viel weniger zahlreichen Grübchen und Haare der Mandibeln und des Vorderkopfes, welche daher minder rauh erscheinen, sowie durch die Färbung. Kopf dunkler kastanienbraun, Fühlerschaft ebenso; Thorax, Schuppe und Fühlergeissel röthlich-gelb, Beine heller. Hinterleib fehlt allen meinen Exemplaren, er ist wahrscheinlich wie beim ♀ pechbraun.

♀. Durch die gleichen Sculpturunterschiede vom Typus erkennbar. Farbe pechbraun; ein rothbrauner Fleck am Mesonotum; Prothorax und Beine röthlich-gelb.

♂. Etwas kleiner als die vorige Form (7—8 mm); Kopf nur um ein Geringes kürzer, an den Wangen und Unterseite nicht so reichlich behaart.

Californien, S. Jacinto, Los Angeles, von Herrn PERGANDE.

var. *cnemidatus* n. var.

Einige ☿ aus Washington D. C. (PERGANDE) verhalten sich in Bezug auf Sculptur wie *clarithorax*, sind aber ganz pechschwarz, mit rothbraunen Mandibeln, Fühlern, Schenkelringen, Knieen, Tibien und Tarsen. Vielleicht gehört *F. atra* BUCKLEY zu dieser Form.

———

C. nitens MAYR aus Neugranada dürfte endlich auch zum Formenkreis des *C. marginatus* als Unterart gezogen werden.

———

Ein ♀ und ein ♂ von Descanso, Californien (PERGANDE), gehören einer mit *C. nitidus* NORTON nahe verwandten, wohl unbeschriebenen Art an. — Ich enthalte mich einer Benennung, solange kein genügendes Material vorliegt.

C. sayi n. sp. (Taf. 22, Fig. 27, 28).

☿ *Rufotestacea, margine oris, laminis frontalibus et mandibulis fuscis, scapo apice fuscescente, abdomine nigro; nitidula, vix pubescens et parcissime pilosa.*

☿ *major: capite magno, lato, convexo, lateribus arcuatis, antrorsum angustato, postice late excavato, subtiliter reticulato et antice disperse punctato, mandibularum 5-dentatarum margine externo valde arcuato, clypeo haud lato, antice lobo brevi, depresso et medio emarginato, genis sine punctis foveiformibus; thoracis antice robusti dorso modice arcuato, angulo inter mesonoti partem basalem et declivem obtuso, rotundato, squama ovata, antice convexa, margine dorsali acutiusculo, ciliato.*

☿ *minor: capite minus lato, magis parallelo, postice subtruncato, angulis posticis rotundatis, reticulato sed parcissime punctato, clypeo magis convexo, antice rotundato, medio vix sinuato, mandibulis minus convexis; thorace minus valido, squamae margine dorsali rotundato.*

Long. 5—8 mm. — *Caput* ☿ *max.* 2,4 × 2,5; *scapus* 1,7; *thorax* 2,5 × 1,3; *femur post.* 2,2.

Phoenix (Arizona) von Herrn PERGANDE.

Durch ihre Färbung erinnert diese Art an *C. marginatus* subsp. *discolor*, unterscheidet sich aber davon leicht durch stämmigern Körperbau, dickern Kopf des grossen Arbeiters und ganz andere Sculptur. Kopf und Thorax sind ziemlich glänzend, scharf und fein genetzt; beim grossen Arbeiter finden sich ausserdem auf den Wangen viele feine Punkte, aus welchen je ein sehr kurzes, anliegendes Härchen entspringt; gleiche Punkte sind auf dem übrigen Kopf viel zerstreuter. Borstentragende Grübchen sind nur ganz vereinzelt auf Scheitel, Stirn und Clypeus vorhanden. Beim kleinen ☿ sind die Pünktchen viel spärlicher. Der Clypeus ist in der Mitte schwach vorgezogen, beim grossen ☿ daselbst scharf ausgerandet; die Mandibeln sind stark convex, fein runzlig punktirt und ziemlich dicht mit härchentragenden Punkten versehen. Der Thorax ist vorn breit, besonders beim grossen ☿, wo Pro- und Mesothorax eine eiförmige Masse bilden; die Grenze zwischen basaler und abschüssiger Fläche des Metathorax ist abgerundet, mit langen Borsten. Schuppe ebenso am Rande beborstet; dieser ist beim grossen ☿ schärfer als beim kleinen. Abdomen etwas glänzender als der Kopf, fein quergestrichelt und sehr zerstreut punktirt; aus jedem Punkt entspringt ein anliegendes Härchen; ausserdem trägt jedes Segment zwei Reihen langer, aufrechter Borsten.

C. hyatti n. sp. (Taf. 22, Fig. 25, 26).

☿. *C. marginato proxima, sed capitis nitidioris lateribus magis parallelis, angulis posticis minus rotundatis, mandibulis nitidis, thoraceque loco suturae meso-metanotalis impresso, metanoto inter partem basalem convexam et declivem concavam obtuse angulato agnoscenda; piceo-nigra, ore, pronoto pedibusque magis minusve ferrugineis, vel ferruginea, abdomine nigro. Long.* 3¹/₂ — 6¹/₂ *mm.*

Caput ☿ *maximae* 1,9×1,8; *scapus* 1,2; *femur posticum* 1,7; *thorax* 2×1,3 *mm.*

In S. Jacinto, Californien, von Herrn Ed. Hyatt gesammelt und von Herrn PERGANDE gesandt.

Im Habitus den *C. marginatus* ähnlich; Körperform noch etwas gedrungener. Der Kopf (Fig. 25) ist beim grossen ☿ mehr parallelrandig, mit weniger gekrümmten Seitenrändern, stärker ausgebuchtetem Hinterrand, deutlicher vortretenden Vorder- und Hinterecken, welch letztere weniger breit abgerundet sind. Beim kleinen ☿ ist der Kopf etwas breiter als bei *marginatus* von entsprechender Grösse, die Seiten vorn etwas mehr gerundet. Die Sculptur ist ganz ähnlich wie beim Typus von *marginatus*, aber viel seichter: die eingestochenen Punkte sind viel flacher, am Clypeus kaum sichtbar, an den Wangen kleiner; das Tegument ist daher viel glänzender. Die Mandibeln sind weniger vorragend als bei *marginatus*, mit noch stärker gekrümmtem Aussenrand, ebenso 5zähnig, glänzend, zerstreut punktirt. Der Clypeus ist gleichfalls mit einem sehr kurzen, abgerundeten, in der Mitte seines Vorderrandes stark ausgerandeten Lappen versehen, beim grossen ☿ ganz flach, beim kleinen stumpf dachförmig. Dieser Lappen ist beim grossen Arbeiter wegen der stärker vortretenden Vorderecken des Kopfes weniger auffallend. Der Thorax ist verhältnissmässig breiter als bei *marginatus*, von der Seite gesehen, zwischen Meso- und Metanotum deutlich eingeschnürt; die etwas convexe basale und die deutlich ausgehöhlte abschüssige Fläche bilden einen abgerundeten Winkel (Fig. 26). Von oben gesehen, erscheint das Pronotum besonders breit und an den Seiten gerundet; das Mesonotum verjüngt sich nach hinten stark bis zur Mesometanotalnaht, wo der Thorax am engsten ist; die Seiten des Metanotum sind beinahe parallel. Die Schuppe ist etwas breiter und dünner als bei *marginatus*, der obere Rand breit bogenförmig und ziemlich scharf. Die Sculptur des Thorax und des Hinterleibes wie bei *marginatus*, ebenso die Behaarung des ganzen Körpers.

Die Farbe ist veränderlich; meistens pechschwarz; Mund, Unterseite des Kopfes und Schienen etwas röthlich; Prothorax, Hüften,

Schenkel und Tarsen hellroth; Hinterleib schwarz mit roth-gelben
Rändern der Segmente. Oft, besonders bei kleinen ☿ gewinnt die helle
Farbe grössere Ausdehnung, und das ganze Thier kann rostroth sein
mit braun-schwarzem Hinterleib.

C. mina Forel.

Aus Californien beschrieben. Es hat mir kein Exemplar dieser
Art vorgelegen.

C. [Colobopsis] impressus Rog.

Aus Texas und Florida. Von letzterm Staate sandte mir Herr
Pergande ☿, ⚇, ♀ und ♂.

Das ♂ ist dem des südeuropäischen C. truncatus Spin. in Form und
Färbung sehr ähnlich, ist aber etwas kleiner (4—4$^1/_2$ mm); sonst
davon kaum zu unterscheiden [1]).

1) Während des Druckes dieser Arbeit ·hat Herr Pergande (in:
Procced. Calif. Acad. [2], vol. 5) zwei neue Arten von Camponotus, C.
fragilis und erythropus aus Californien beschrieben.

Erklärung der Abbildungen.

Tafel 22.

Fig. 1. *Formica pergandei*, ♀, Kopf.

Fig. 2. *Formica sanguinea*, subsp. *rubicunda*, ♀, Kopf,

Fig. 3. *Formica sanguinea*, subsp. *rubicunda*, var. *subintegra*, ♀, Kopf.

Fig. 4. *Formica rufa*, subsp. *integra*, ♀, Kopf.

Fig. 5. *Formica dakotensis*, ♀, Kopf.

Fig. 6. *Formica exsectoides*, ♀, Kopf.

Fig. 7. *Formica ulkei*, ♀, Kopf.

Fig. 8. *Formica rufa*, subsp. *integra* ♂, Kopf.

Fig. 9. *Formica rufa*, subsp. *difficilis*, ♂, Kopf.

Fig. 10. *Formica rufa*, subsp. *obscuripes*, ♂, Kopf.

Fig. 11. *Formica rufiventris*, ♂, Kopf.

Fig. 12. *Formica ciliata*, ♀, Kopf.

Fig. 13. *Formica pallide-fulva*, subsp. *nitidiventris*, ♀, Kopf.

Fig. 14. *Formica rufa*, subsp. *difficilis*, ♀, Maxillartaster.

Fig. 15. *Formica rufa*, subsp. *obscuriventris*, ♀, Maxillartaster.

Fig. 16. *Formica pallide-fulva*, typus, ♀, Maxillartaster.

Fig. 17. *Formica pallide-fulva*, subsp. *schaufussi*, ♀, Maxillartaster.

Fig. 18. *Formica pallide-fulva*, subsp. *schaufussi*, ♀, Behaarung des Abdomens.

Fig. 19. *Formica pallide-fulva*, subsp. *nitidiventris*, ♀, Behaarung des Abdomens.

Fig. 20. *Formica subrufa*, ♀, Thorax von der Seite.

Fig. 21. *Lasius flavus*, ♀, Kopf.

Fig. 22. *Lasius brevicornis*, ♀, Kopf.

Fig. 23. *Prenolepis parvula*, ♂, Genitalklappen ; *a* äussere Genitalklappe, *b* mittlere Genitalklappe, *c* innere Genitalklappe.

Fig. 24. *Prenolepis fulva*, subsp. *pubens*, ♂, äussere Genitalklappe.

Fig. 25. *Camponotus hyatti*, ♀ maxima, Kopf.

Fig. 26. *Camponotus hyatti*, ♀ maxima, Thorax von der Seite.

Fig. 27. *Camponotus sayi*, ♀ maxima, Kopf.

Fig. 28. *Camponotus sayi*, ♀ maxima, Thorax von der Seite.

Fig. 29. *Camponotus maccooki*, ♀, Fühlerschaft (Exemplar aus Descanso, Calif.).

Frommannsche Buchdruckerei (Hermann Pohle) in Jena. — 1900

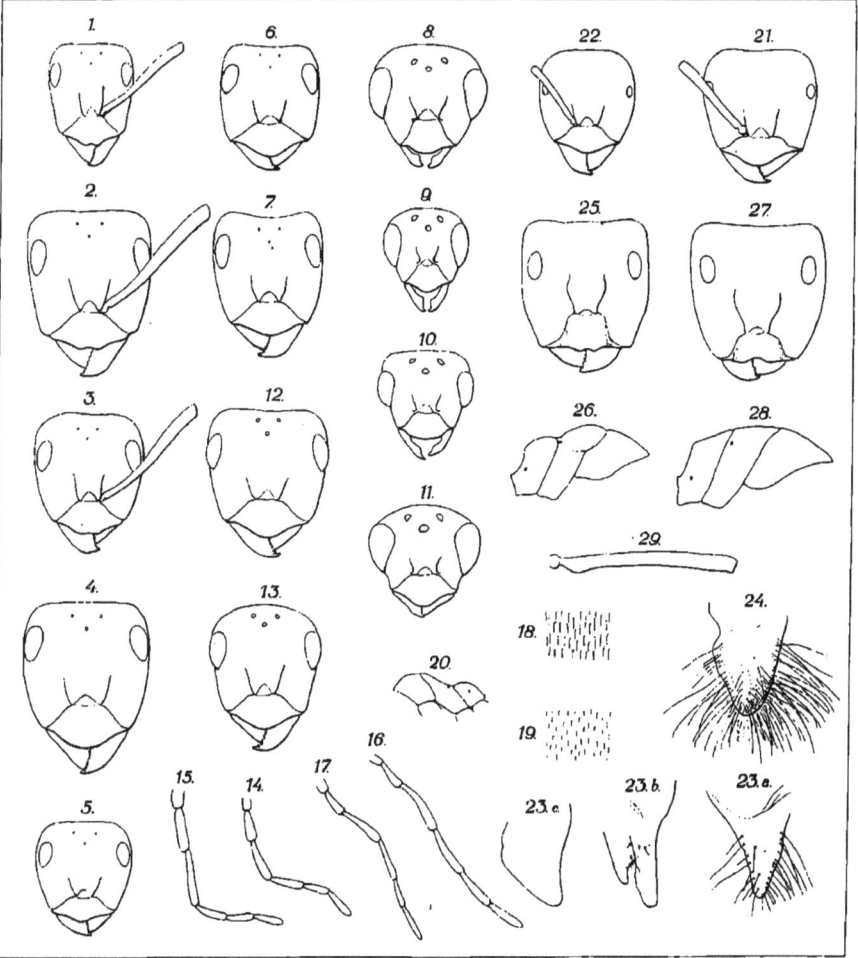